深圳台风图集

TYPHOON ATLAS OF SHENZHEN

深圳市气象局（台）
深圳市国家气候观象台 编

图书在版编目（CIP）数据

深圳台风图集 / 深圳市气象局（台），深圳市国家气候观象台编. -- 北京：气象出版社，2020.5

ISBN 978-7-5029-7200-4

Ⅰ. ①深… Ⅱ. ①深… ②深… Ⅲ. ①台风 – 深圳 – 图集 Ⅳ. ①P444-64

中国版本图书馆CIP数据核字（2020）第072242号

审图号：GS（2020）1777号

Shenzhen Taifeng Tuji

深圳台风图集

深圳市气象局(台) 深圳市国家气候观象台 编

出版发行：气象出版社

地 址：北京市海淀区中关村南大街 46 号 **邮政编码**：100081

电 话：010－68407112（总编室） 010－68409198（发行部）

网 址：http://www.qxcbs.com **E-mail**：qxcbs@cma.gov.cn

责任编辑：蔺学东 **终 审**：吴晓鹏

责任校对：王丽梅 **责任技编**：赵相宁

封面设计：博雅思企划

印 刷：廊坊一二〇六印刷厂

开 本：880 mm × 1230 mm 1/16

字 数：230 千字 **印 张**：9.5

版 次：2020 年 5 月第 1 版 **印 次**：2020 年 5 月第 1 次印刷

定 价：120.00 元

《深圳台风图集》编委会

前言

热带气旋是十大自然灾害中造成死亡人数最多的灾害，也是破坏力最大的天气系统。西太平洋（包括我国南海）是全球热带气旋形成最多的海域，此区域生成的热带气旋称为台风（typhoon）。台风因其大风、暴雨和诱发的巨浪、风暴潮以及登陆后造成的洪涝、泥石流、山体滑坡等次生灾害，给我们经济社会发展和人民生命财产安全造成重大影响，具有巨大的破坏力。

深圳位于南海之滨，地处广东南部，东临大亚湾和大鹏湾，西濒珠江口和伶仃洋。特殊的地理位置，使深圳成为我国台风影响的重灾区之一。据不完全统计，1988—2018 年，共有 13 个台风在深圳造成人员死亡，死亡人数共计 70 人。除此之外，几乎每年都有台风对深圳造成严重影响，或吹倒广告牌、大树、工棚、围墙等，或引发城市内涝和地质灾害，或造成海水倒灌、河流漫堤、交通中断、航班停运等，严重威胁着城市公共安全和人民生命财产安全。

近年来，深圳市委、市政府深入贯彻落实习近平总书记关于防灾减灾救灾工作和提高自然灾害防治能力的重要指示精神，坚持以人为本的防灾理念，着力提升台风监测和预报预警水平，完善台风防御联动机制，有效抵御了“妮妲”“天鸽”“帕卡”和“山竹”等强台风的袭击，保障了城市安全稳定运行和人民生命财产安全。但是我们也要清醒地认识到，在全球气候变化背景下未来强台风影响深圳的概率将不断加大，特别是随着城市社会经济快速发展、人口密度进一步增大、城市发展空间更加高强度开发，深圳城市脆弱性和暴露度不断升高，在不同类型城市气候风险相互叠加、衍生与爆发作用下，未来台风给深圳带来的影响可能还将进一步加大。

面对大自然，我们既要心存敬畏，又要保持清醒。本图集通过搜集影响深圳的历史台风数据和图片，并加以统计分析，将影响深圳的台风图卷展现在读者面前，让我们认识到在过去的历史中，有一些比“山竹”更强、影响更大的台风来过，它们给我们城市带来了很多创伤，甚至是夺去了鲜活的生命，而未来可能还将有更强的台风影响深圳。在此背景下，我们更应该思考如何加强城市基础设施建设、提升台风监测预警预报水平、完善台风防御机制和能力，续写深圳防灾减灾新的篇章。

编　者

2020年1月

1983年9月，台风“爱伦”正面吹袭深圳特区，简易房屋和工棚几乎全部被掀翻，正在建设的特区损失惨重（图片来源：《晶报》）。

1993年9月，受9318号台风“多特”影响，深圳连续3天出现大暴雨或暴雨，一片泽国，罗湖区要道积水近1米深，部分路段和区域甚至达到2~3米，数千名群众被困。图为转移救援受困群众（图片来源：互联网）。

2012年7月，1208号台风“韦森特”共造成深圳倒树11万棵（图片来源：新浪微博）。

2016年8月2日，强台风“妮妲”在深圳市大鹏半岛登陆，深圳前海花园多辆汽车被刮倒的大树砸中（图片来源：南方网）。

2017年6月12日，台风“苗柏”登陆深圳，给深圳带来严重积水内涝，深圳地铁最大的换乘站车公庙站部分站厅进水导致关站，地铁1号线、7号线、9号线、11号线不停站通过（图片来源：“家在深圳”房网论坛）。

2017年8月，台风“天鸽”造成深圳大鹏新区葵涌办事处沙渔涌发生海水倒灌（图片来源：《深圳特区报》）。

2017年8月27日，受台风“帕卡”影响，盐排高速盐田收费站往横岗方向雨棚被风吹坏，导致该路段实行部分交通管制，保留一条车道通行（图片来源：新浪微博）。

2018年6月6—8日，台风“艾云尼”给深圳带来连续三天大暴雨。6月7日，高考在暴雨中开考，在深圳某考点门口，老师、警察、安保人员撑大伞迎接考生，为考生遮风挡雨，场面暖心（图片来源：澎湃新闻）。

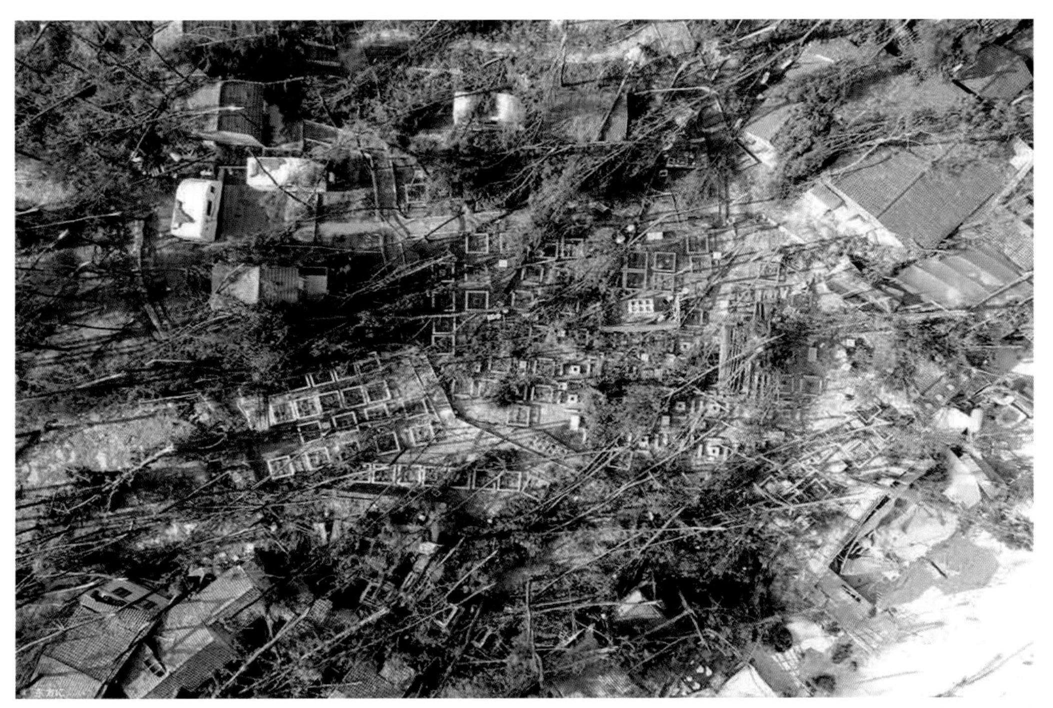

2018年9月，台风“山竹”造成大鹏西涌海滩受损严重，5千米长的西涌海滩几乎完全被摧毁，岸上民宿全部受损（图片来源：新浪微博）。

2018年9月，台风“山竹”袭击之后的深圳街道及沿海公路（图片来源：新浪微博）。

2016年8月1日，时任深圳市委书记马兴瑞（前排左一）一行到南山涉海单位现场视察码头、船舶的防御台风准备工作（图片来源：深圳海事局网站）。

2016年6月10日，时任深圳市委副书记、市长许勤（中）到市三防指挥部主持召开视频会议，部署汛期台风暴雨防御工作，强调要不断提高三防应急救灾工作水平，确保城市安全度汛，保障市民群众生命财产安全（图片来源：深圳市三防办）。

2018年9月15日上午，广东省委常委、深圳市委书记王伟中（前排左二）和深圳市长陈如桂（前排左三）等领导同志赴深圳中学泥岗校区检查台风“山竹”防御准备工作（图片来源：深圳市建筑工务署网站）。

2017年8月台风“天鸽”影响深圳期间，广东省委常委、深圳市委书记王伟中（中）坐镇市三防指挥部，部署台风防御工作，并听取市气象局负责同志介绍台风监测及预报情况（图片来源：深圳市三防办）。

2018年9月14日，台风“山竹”登陆和影响深圳前夕，广东省委常委、深圳市委书记王伟中（中）提前到市三防办听取防御台风工作汇报，并部署台风防御工作（图片来源：深圳市三防办）。

2017年8月26日晚，深圳市市长陈如桂（中）坐镇三防指挥部部署台风“帕卡”防御工作（图片来源：深圳市三防办）。

2018年9月16日上午，台风“山竹”登陆深圳在即，深圳市市长陈如桂（前排左一）在深圳市三防办听取市气象局负责同志汇报“山竹”台风动态和预测情况（图片来源：深圳市三防办）。

2019年4月19日上午，深圳市副市长黄敏（前排左二）带队到西涌气象观测基地检查汛期气象服务工作，听取深圳市气象局局长王延青（前排左一）汇报深圳近年台风影响情况（图片来源：深圳市气象局）。

目　录

前　言

第1章　综　述

1.1　台风影响深圳情况统计

深圳地处华南沿海，位于珠江口东岸，属亚热带季风气候，是台风的多发区域。1952—2018年，共有269个台风影响深圳，平均每年约4个，其中有102个给深圳造成严重影响，平均每年1.5个；共有15个台风登陆深圳，其中超强台风2个、强台风2个、台风6个、强热带风暴4个、热带低压1个。

从年份分布来看，最多一年有8个台风影响深圳（1961年、1964年和1970年），1998年没有台风影响；从影响月份看，4—12月均有台风影响，其中7—9月最为集中，占76%，8月份最多，有75个，占28%（图1-1）；首个台风开始影响深圳的平均日期是7月5日，最早是4月18日（0802号台风“浣熊”），最后一个台风开始影响深圳的平均日期是9月16日，最晚是12月2日（7427号台风“艾尔玛”）。

从登陆区域来看，登陆粤西和珠三角地区最多，合计占50%以上，其次为登陆海南、粤东和福建，占近40%（图1-2），另有少数从南海擦过（未登陆我国）或登陆我国台湾、浙江的台风也对深圳造成影响。

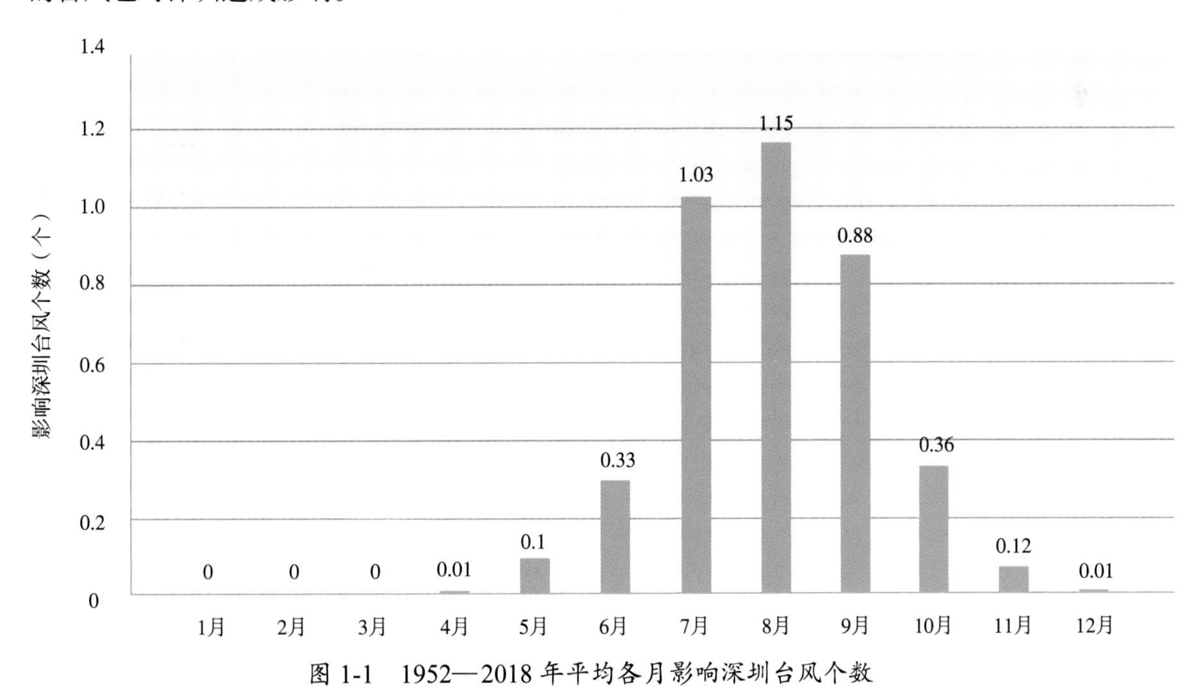

图1-1　1952—2018年平均各月影响深圳台风个数

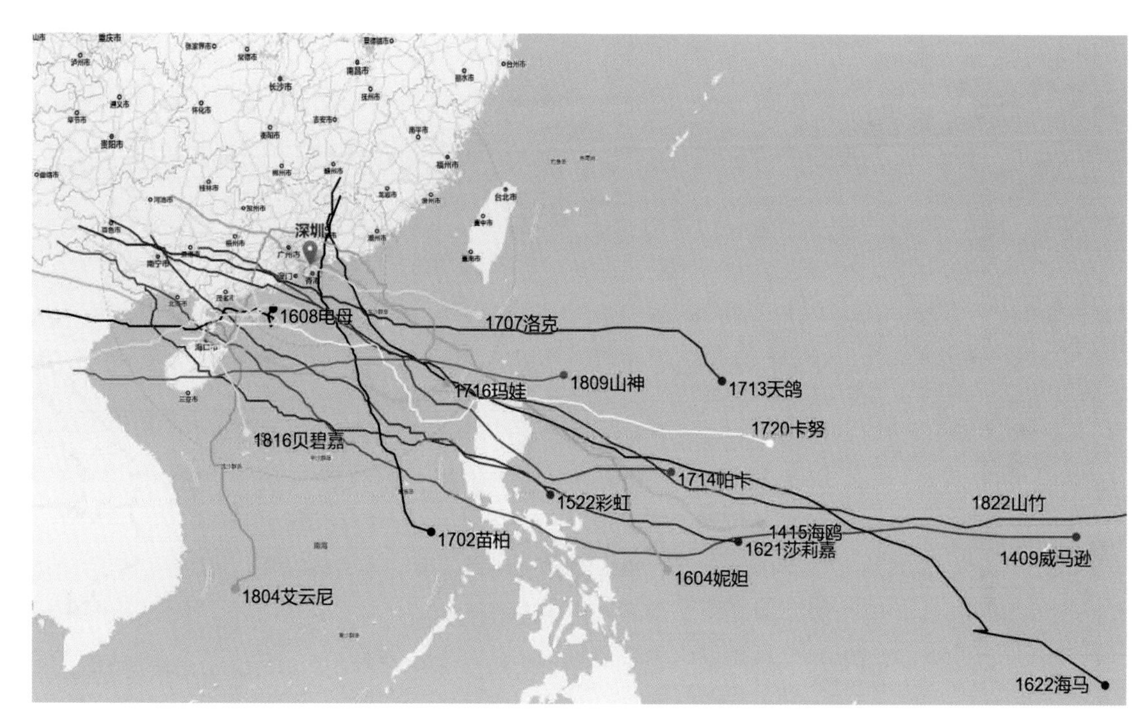

图 1-2　近 5 年（2014—2018 年）影响深圳台风路径一览

根据深圳国家基本气象站多年风雨监测数据，历年对深圳大风影响综合指数前 20 名的台风如图 1-3、表 1-1 所示。

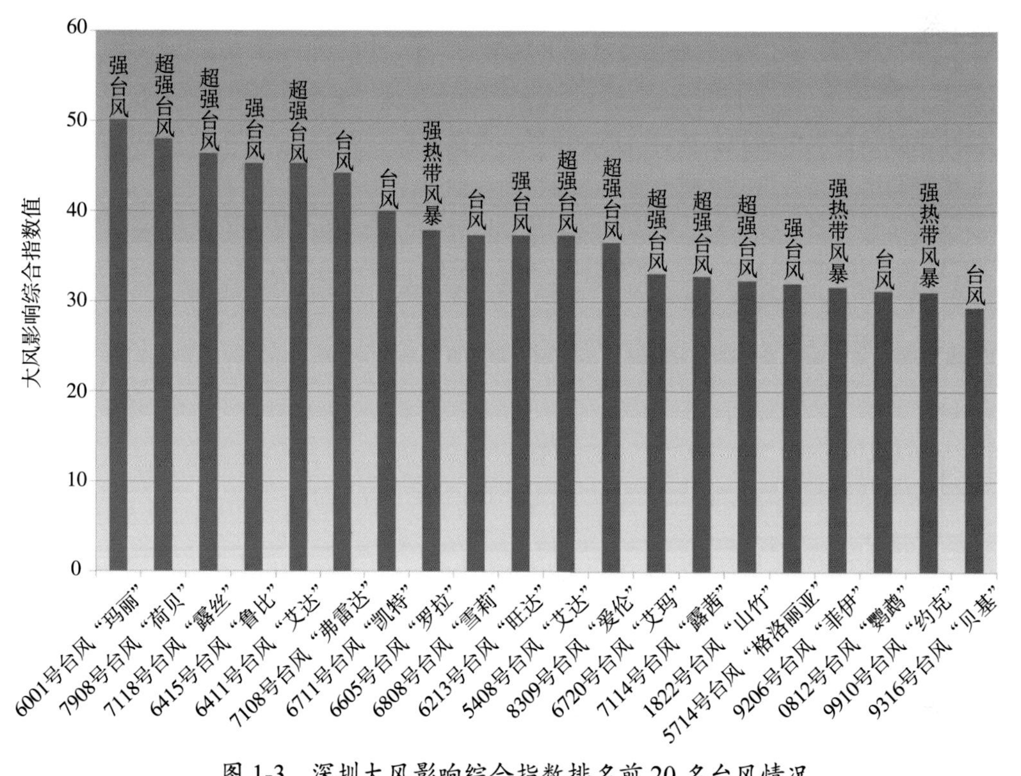

图 1-3　深圳大风影响综合指数排名前 20 名台风情况

表 1-1　深圳大风影响综合指数排名前 20 名台风详情

排名	台风	大风综合指数	最大日雨量（毫米）	过程总雨量（毫米）	最大平均风速（米/秒）	最大阵风速（米/秒）
1	6001 号台风“玛丽”	50.13	247.4	354.7	34.0	>40.0
2	7908 号台风“荷贝”	48.00	63.7	137.7	30.0	>40.0
3	7118 号台风“露丝”	46.40	231.6	250.7	27.0	>40.0
4	6415 号台风“鲁比”	45.33	226.0	273.1	34.0	>34.0
5	6411 号台风“艾达”	45.33	76.2	151.9	34.0	>34.0
6	7108 号台风“弗雷达”	44.27	96.0	148.6	23.0	>40.0
7	6711 号台风“凯特”	40.00	79.0	148.9	24.0	34.0
8	6605 号台风“罗拉”	37.87	91.4	185.1	20.0	34.0
9	6808 号台风“雪莉”	37.33	136.3	293.9	22.0	32.0
10	6213 号台风“旺达”	37.33	93.7	203.3	28.0	>28.0
11	5408 号台风“艾达”	37.33	11.2	16.0	28.0	/
12	8309 号台风“爱伦”	36.53	120.3	201.1	19.0	33.0
13	6720 号台风“艾玛”	33.07	4.1	7.0	20.0	28.0
14	7114 号台风“露茜”	32.80	107.6	107.6	18.0	29.0
15	1822 号台风“山竹”	32.32	173.5	225.6	15.6	30.0
16	5714 号台风“格洛丽亚”	32.00	167.9	285.6	24.0	>24.0
17	9206 号台风“菲伊”	31.63	157.6	157.6	17.3	28.0
18	0812 号台风“鹦鹉”	31.20	21.1	32.5	16.5	28.0
19	9910 号台风“约克”	31.07	198.9	219.5	16.7	27.7
20	9316 号台风“贝基”	29.36	64.6	126.6	15.0	26.7

注：大风影响综合指数为综合考虑台风影响深圳期间国家基本气象站最大平均风和最大阵风而得到；“/”表示数据缺测，余同。

历年对深圳降雨影响综合指数前 20 名的台风如图 1-4、表 1-2 所示。

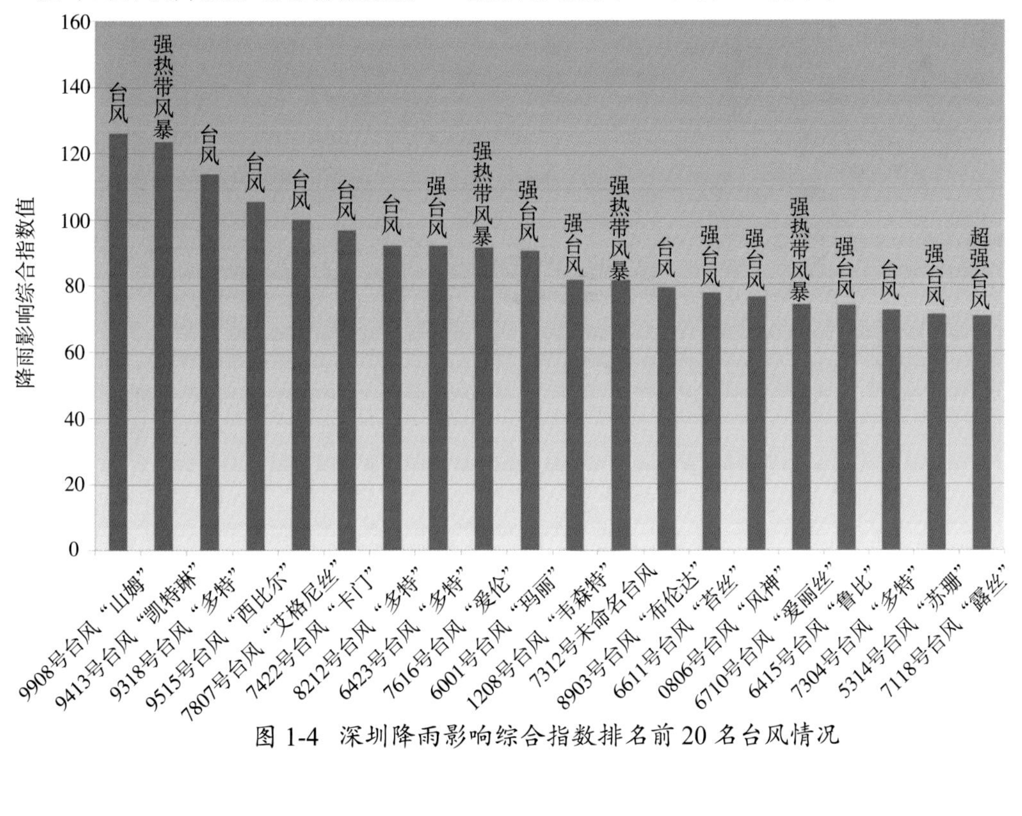

图 1-4　深圳降雨影响综合指数排名前 20 名台风情况

表 1-2 深圳降雨影响综合指数排名前 20 名台风详情

排名	台风	降雨综合指数	最大日雨量（毫米）	过程总雨量（毫米）	最大平均风速（米/秒）	最大阵风风速（米/秒）
1	9908 号台风"山姆"	126.01	298.3	523.6	9.9	22.5
2	9413 号台风"凯特林"	123.53	312.1	500.2	11.5	20.8
3	9318 号台风"多特"	113.8	213.5	510.1	10.4	15.8
4	9515 号台风"西比尔"	105.48	187.0	480.1	12.8	22.7
5	7807 号台风"艾格尼丝"	100.08	130.9	486.5	14.0	25.0
6	7422 号台风"卡门"	96.83	245.3	391.6	13.3	19.0
7	8212 号台风"多特"	92.24	198.1	396.8	6.0	/
8	6423 号台风"多特"	92.17	303.1	326.4	20.0	>20.0
9	7616 号台风"爱伦"	91.60	257.4	353.6	7.3	/
10	6001 号台风"玛丽"	90.63	247.4	354.7	34.0	>40.0
11	1208 号台风"韦森特"	81.70	152.3	366.9	11.1	23.9
12	7312 号未命名台风	81.55	164.2	358.1	7.0	/
13	8903 号台风"布伦达"	79.30	174.7	338.2	13.0	24.0
14	6611 号台风"苔丝"	77.67	189.9	318.7	/	/
15	0806 号台风"风神"	76.47	203.9	302.5	11.5	18.9
16	6710 号台风"爱丽丝"	74.15	199.7	292.0	10.0	24.0
17	6415 号台风"鲁比"	73.91	226.0	273.1	34.0	>34.0
18	7304 号台风"多特"	72.39	233.3	259.5	14.0	24.0
19	5314 号台风"苏珊"	71.19	175.1	291.4	12.0	/
20	7118 号台风"露丝"	70.66	231.6	250.7	27.0	>40.0

注：降雨影响综合指数为综合考虑台风影响深圳期间国家基本气象站过程总雨量和最大日雨量而得到。

1.2 影响深圳台风变化趋势

气候变暖为台风提供了更多的能量，监测事实表明，近年来影响深圳的台风存在"频次增加、季节变长、强度增大"的趋势，未来强台风影响深圳的概率还会进一步增加。

1.2.1 台风频次增加

1949—2018 年进入深圳 500 千米范围台风频数有明显的变化（图 1-5），呈先增加、后下降、再增加的总体特征。2000 年以后，影响深圳的台风数量一直处于相对低位，而 2009 年开始呈上升趋 势，预计未来可能继续保持高位。

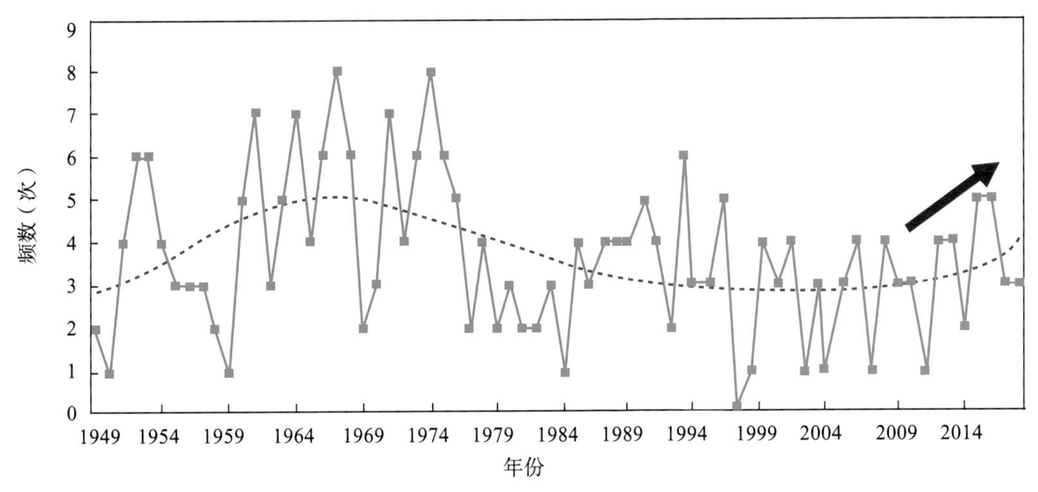

图 1-5　1949—2018 年进入深圳 500 千米范围台风频数及变化趋势（图中箭头表示趋势，余同）

1.2.2　台风季节变长

深圳台风季节平均约为 3.5 个月，最短的不到 1 个月（如 1997 年，于 8 月 1 日开始，8 月 30 日结束），长的可达 7 个月（如 1967 年，于 4 月 9 日开始，11 月 8 日结束）。统计结果表明（图 1-6），1980 年深圳特区成立之后深圳台风季节持续时间总体呈减少趋势，到 2004 年开始呈明显上升趋势，表明深圳每年受台风影响的时间正在逐渐增加。

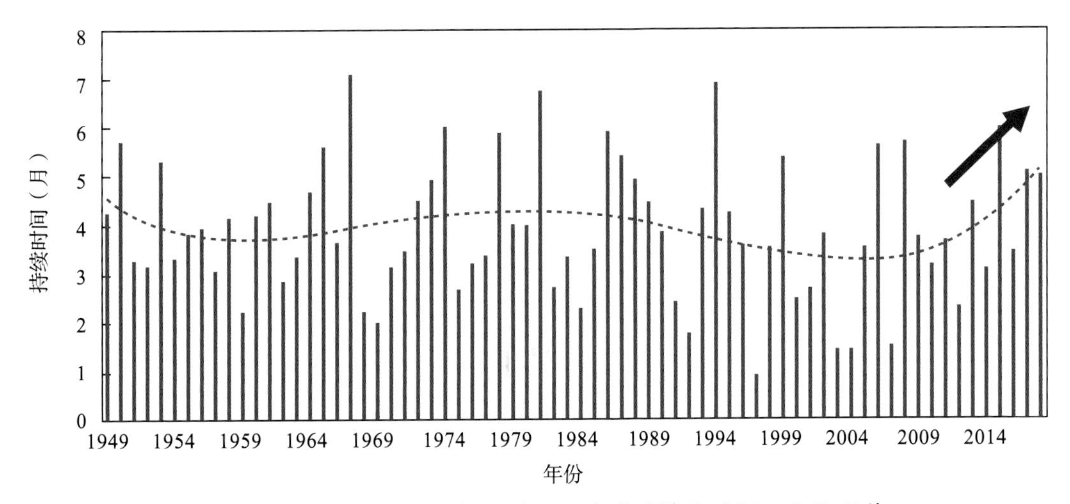

图 1-6　1949—2018 年深圳台风季节的持续时间及变化趋势

1.2.3 台风强度增强

近60年来，影响深圳的台风平均强度有增强的趋势（中心气压越低、台风越强，见图1-7），20世纪50年代初（1949—1953年）影响深圳的台风平均强度最弱，平均中心气压为970.1百帕，近5年影响深圳的台风平均中心气压已降低至928.7百帕，2018年超强台风“山竹”是近35年来影响深圳的最强台风。

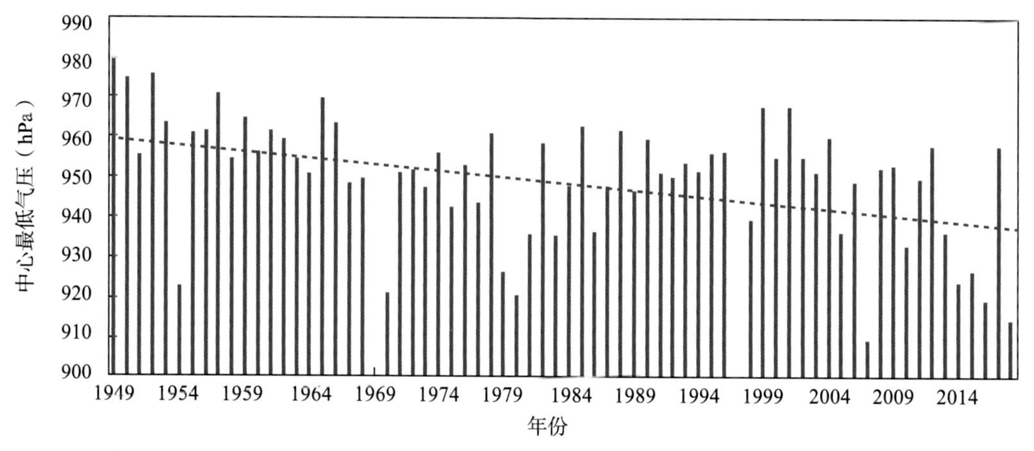

图1-7　1949—2018年影响深圳台风逐年平均强度（中心海平面最低气压）

从1949—2018影响深圳的强台风（台风以上级别）所占比例的逐年分布（图1-8）可以看出，逐年影响深圳的台风强度概率分布形态发生了较大的变化。改革开放之后强台风占比呈下降趋势，而2004年之后呈明显增加趋势。

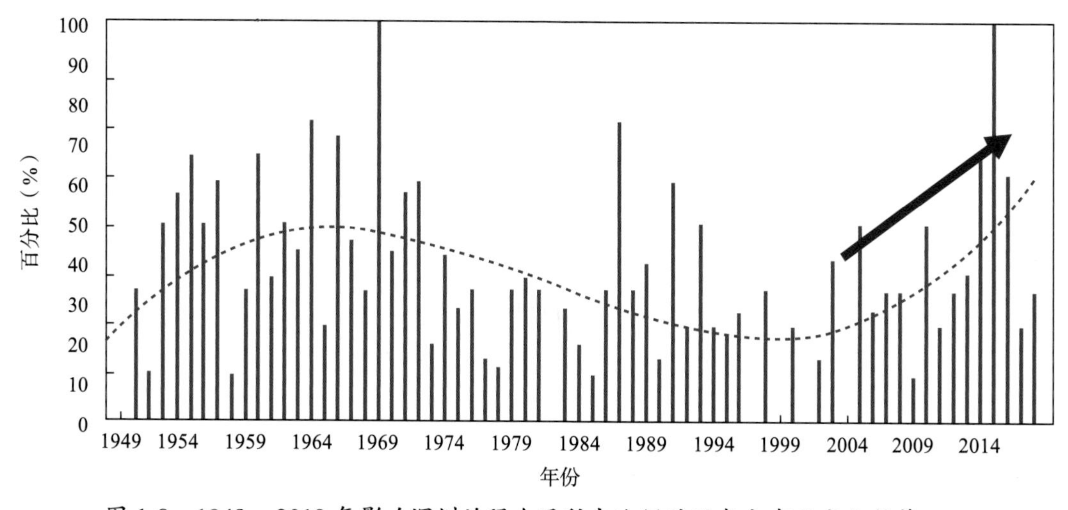

图1-8　1949—2018年影响深圳的强台风所占比例的逐年分布及变化趋势

1.2.4 未来台风影响深圳趋势分析

气候模拟结果表明，未来30年影响深圳的台风概率分布形态将发生较大的变化，高影响的台风（台风级及以上）所占比例明显增加（图1-9），且其中心最低气压更低（图1-10），表明强台风影响概率升高且强度更强。

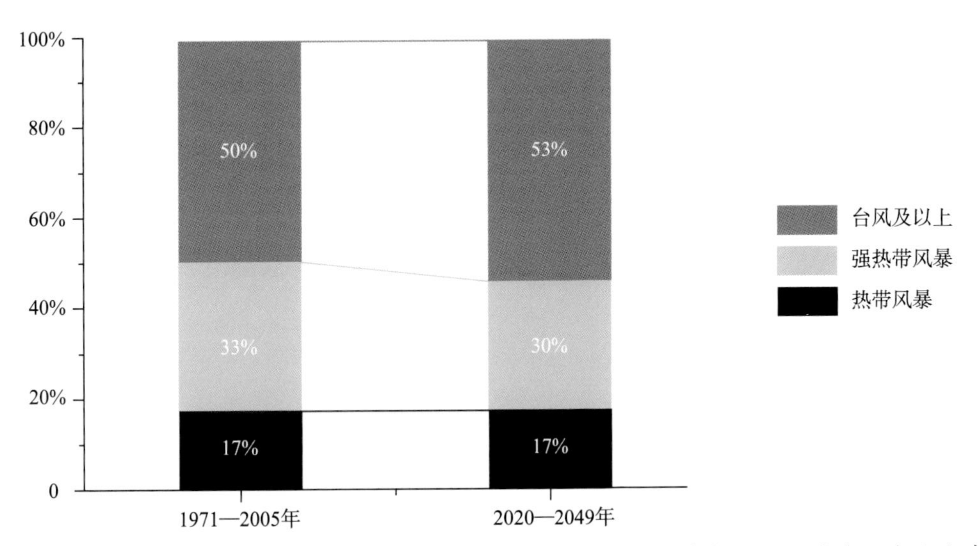

图1-9 历史（1971—2005年）和未来30年（2020—2049年）不同强度台风占比分布图

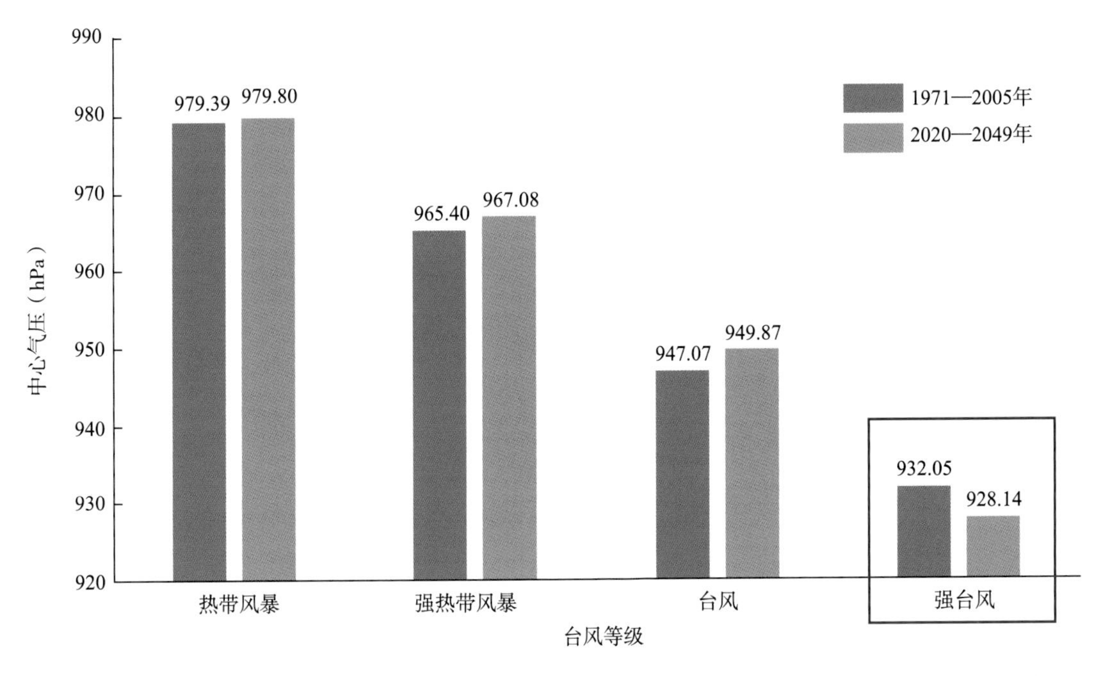

图1-10 未来30年（2020—2049年）热带气旋强度与历史（1971—2005年）气候值对比

第 2 章　历年影响深圳台风一览表

2.1　1952—1959年影响深圳的台风

年份	国内编号	台风名	强度	中心最大风速（米/秒）	登陆点	登陆日期	登陆时风力（级）	影响深圳时段	最大日雨量（毫米）	过程总雨量（毫米）	最大平均风速（米/秒）	最大阵风风速（米/秒）	影响程度
1952	5201	Charlotte	台风	40	电白	6月13日	10		100.0	199.0	12.0		严重影响
	5207	Harriet	台风	40	陆丰—海丰	7月30日	9	7月29—31日	61.1	91.8	14.0		明显影响
	5213	Nona	台风	40	文昌	9月6日	12	9月6—7日	115.0	189.9			明显影响
	5214		强热带风暴	30	汕头	9月12日	11	9月12—14日	131.2	198.2	14.0		严重影响
1953	0000		热带低压	12	南海消失	7月		7月25—26日	51.2	75.1			明显影响
	5310	Ophelia	强台风	50	文昌	8月14日	12	8月13—15日	33.3	85.8	12.0		明显影响
	5312	Rita	超强台风	65	海丰—惠东	9月2日	12	9月2日	72.1	72.1	16.0		明显影响
	5314	Susan	强台风	50	台山—阳江	9月19日	11	9月17—20日	175.1	291.4	12.0		严重影响
	5316		热带风暴	20	文昌	9月27日	6	9月26—28日	80.6	116.9			明显影响
1954	5402	Elsie	强台风	50	陵水—崖县	5月11日	12	5月11—12日	17.7	17.7	13.1		明显影响
	5404		热带风暴	20	台山—阳江	8月5日	7	8月5—7日	60.9	151.2	10.0	>17.0	明显影响
	5408	Ida	超强台风	85	湛江—海康	8月30日	12	8月29—30日	11.2	16.0	28.0		严重影响
	0000		热带低压	12	西行	9月		9月10—11日	55.7	86.8			明显影响
	5416	Nancy	强台风	45	西行	10月		10月9—12日	1.1	1.5	12.0	>17.0	明显影响
	5419	Pamela	超强台风	85	台山、徐闻	11月6日	10	11月6日	74.4	74.4	18.0	>18.0	严重影响
	5420	Ruby	超强台风	75	海丰—惠东	11月12日	7	11月10—11日	9.1	9.1	10.0	>17.0	明显影响
1955	0000		热带低压	15	台山	7月11日	5	7月10—12日	64.9	107.4			明显影响
	5520	Kate	超强台风	65	琼海	9月25日	12	9月24—26日	23.6	35.0	12.0	>17.0	明显影响
1956	5607		强热带风暴	25	连江	7月27日	8	7月28—29日	69.7	86.7			明显影响
	0000		热带低压	12	琼海	8月5日	5	8月6—8日	103.6	193.9	12.0		严重影响
1957	5706	Wendy	强台风	50	惠阳—宝安	7月16日	11	7月16—18日	185.5	281.0	19.0	22.0	严重影响
	5708		强热带风暴	25	阳江	8月20日	8	8月16—20日	19.2	59.1	12.0	>17.0	明显影响
	0000		热带低压	12	南海消失	8月		8月27—28日	74.3	95.0	8.0	>17.0	明显影响
	5714	Gloria	强台风	45	澳门	9月22日	14	9月22—23日	167.9	285.6	24.0	>24.0	严重影响
	5718		热带风暴	20	台山	10月15日	6	10月15日	38.3	38.3	10.0		明显影响
1958	5804		强热带风暴	25	海口—文昌	6月2日	8	5月30—6月1日	48.5	104.8	18.0	>18.0	严重影响
	5810	Winnie	超强台风	75	厦门—同安	7月16日	11	7月16—19日	123.9	224.3	9.0	>17.0	严重影响
	5813		强热带风暴	25	厦门	7月24日	8	7月23—26日	55.0	108.5	12.0		明显影响
	5815		台风	40	阳江	8月8日	10	8月6—9日	51.2	150.6	14.0	>17.0	明显影响
	5819		热带风暴	20	珠海	9月2日	7	9月2—3日	121.7	140.4	10.0		严重影响
	5821		强热带风暴	30	万宁	9月11日	10	9月10—13日	30.4	99.7	10.0		明显影响
	5825		热带风暴	20	海康	9月30日	5	9月30日	101.6	101.6	7.0		明显影响
1959	5901	Billie	强台风	45	平阳—福鼎	7月16日	12	7月16—20日	82.7	187.2	8.0		明显影响
	5903	Iris	强台风	50	厦门—漳浦	8月23日	12	8月24—26日	49.5	96.3			明显影响
	5904	Joan	超强台风	100	惠安	8月30日	12	8月30日	62.4	62.4			明显影响
	0000	Marge	热带低压	12	湛江—海康	9月3日	<5	9月1—2日	102.5	120.9	8.0		严重影响
	5906	Nora	强热带风暴	30	海丰	9月11日	10	9月10日	48.1	48.1	12.0	>17.0	明显影响

注：国内编号“0000”表示该台风仅为热带低压，未达到编号强度；

台风名空白者表示台风未命名。2000 年之前台风命名并不统一，也不是所有台风都有名字，2000 年 1 月 1 日起才开始由台风委员会 14 个成员国和地区各提 10 个名字，140 个名字循环使用；

登陆点两个地名由“—”隔开的，表示台风在两地之间登陆，两个地名由顿号隔开的，表示台风多次登陆；

登陆日期有多个的，表示台风多次登陆；

登陆时风力等级和最大阵风空白的，表示数据不详；最大阵风“> 40”，表示台风最大阵风超出当时仪器记录极限。

2.2　1960—1969年影响深圳的台风

年份	国内编号	台风名	强度	中心最大风速（米/秒）	登陆点	登陆日期	登陆时风力（级）	影响深圳时段	最大日雨量（毫米）	过程总雨量（毫米）	最大平均风速（米/秒）	最大阵风风速（米/秒）	影响程度
1960	6001	Mary	强台风	45	香港	6月9日	12	6月6—9日	247.4	354.7	34.0	>40.0	严重影响
	6003	Olive	超强台风	60	吴川	6月30日	11	6月29日—7月1日	45.5	117.8	10.0	>17.0	明显影响
	6008	Trix	超强台风	65	漳浦	8月9日	10	8月10—12日	52.1	107.3			明显影响
	6016	Elaine	台风	40	汕头—澄海	8月25日	5	8月25—29日	125.3	263.2	10.0		严重影响
	6022		热带低压	12	琼海—文昌	9月26日	6	9月24—26日	52.6	84.1	8.0		明显影响
1961	6103	Alice	台风	40	香港	5月19日	12	5月18—19日	99.6	100.8	20.0	>20.0	严重影响
	6109	Doris	热带风暴	20	汕头	7月2日	8	7月1—2日	102.0	151.4	9.0	>17.0	严重影响
	6110	Elsie	强台风	50	汕头	7月15日	8	7月14—15日	38.3	40.5	14.0	>17.0	明显影响
	6111	Flossie	强热带风暴	25	香港	7月19日	7	7月19日	55.6	55.6	8.0		明显影响
	6115	June	强台风	50	台湾、晋江	8月7、8日	12、7	8月3—5日	147.9	224.7		>17.0	明显影响
	0000		热带风暴	20	珠海	8月31日	8	8月31日—9月1日	145.4	180.4	10.0	>17.0	严重影响
	6121	Olga	台风	35	海丰—惠东	9月10日	12	9月9—10日	133.2	154.1	18.0	>18.0	严重影响
	6125	Sally	台风	40	宝安*	9月29日	10	9月29日	35.9	35.9	10.0	>17.0	明显影响
1962	0000		热带低压	15	陵水—崖县	5月24日	6	5月25—26日	157.4	181.0			明显影响
	6209	Patsy	台风	35	文昌	8月10日	12	8月10—11日	34.7	63.3	12.0		明显影响
	6213	Wanda	强台风	50	香港	9月10日	12	8月31日—9月3日	93.7	203.3	28.0	>28.0	严重影响
	6216	Carla	台风	35	陵水	9月21日	12	9月21日	53.0	53.0			明显影响
1963	6306	Wendy	超强台风	70	连江	7月17日	10	7月18—19日	66.8	98.6	7.0		明显影响
	6307	Agnes	台风	35	吴川	7月22日	11	7月21—23日	46.1	83.2	12.0	>17.0	明显影响
	6311	Faye	超强台风	55	文昌—海口	9月7日	12	9月6—8日	34.2	62.1	20.0	>20.0	严重影响
	6312	Gloria	超强台风	70	连江	9月12日	11	9月13—15日	40.7	48.2	8.0		明显影响
1964	6402	Viola	台风	35	斗门	5月28日	11	5月27—28日	209.1	234.7	20.0	>20.0	严重影响
	6403	Winnie	强台风	45	琼海	7月2日	12	7月1—3日	70.0	119.5	10.0	>17.0	明显影响
	6411	Ida	超强台风	85	澳门	8月9日	12	8月8—11日	76.2	151.9	34.0	>34.0	严重影响
	6415	Ruby	强台风	45	珠海	9月5日	12	9月4—6日	226.0	273.1	34.0	>34.0	严重影响
	6416	Sally	超强台风	100	宝安	9月10日	12	9月10—11日	159.1	182.7	20.0	>20.0	严重影响
	6421	Billie	强热带风暴	30	西行	9月		9月30日—10月2日	34.0	47.0	7.0	>17.0	明显影响
	6423	Dot	强台风	45	宝安	10月13日	12	10月12—13日	303.1	326.4	20.0	>20.0	严重影响
	6424	Georgia	强热带风暴	25	西行	10月		10月23日	50.5	50.5	7.0		明显影响
1965	6508	Freda	超强台风	75	湛江—海康	7月15日	12	7月14—15日	40.9	48.6	12.0	28.0	严重影响
	6509	Gilda	强热带风暴	25	阳江	7月23日	8	7月22—23日	65.3	94.4		16.0	明显影响
	6521	Agnes	强热带风暴	30	阳江—电白	9月27日	8～9	9月26—28日	132.7	260.0	8.0	16.0	严重影响
	6522	Elaine	强热带风暴	25	文昌	11月13日	6	11月10—13日	45.8	111.7		17.0	明显影响
1966	6605	Lola	强热带风暴	25	珠海	7月13日	10	7月13—15日	91.4	185.1	20.0	34.0	严重影响
	6606	Mamie	台风	35	台山—阳江	7月17日	8	7月17—18日	29.9	37.9	8.0	18.0	明显影响
	6608	Ora	强台风	45	海康—徐闻	7月26日	12	7月25—26日	44.9	80.6		>17.0	明显影响
	6611	Tess	强台风	45	连江	8月17日	11	8月16—19日	189.9	318.7			严重影响
1967	6702	Anita	强台风	45	潮阳	6月30日	12	6月30—7月1日	63.7	74.2			明显影响
	6704	Clara	强台风	50	连江	7月12日	8	7月14日	188.1	188.1			明显影响
	6710	Iris	强热带风暴	25	阳江	8月17日	7	8月15—18日	199.7	292.0	10.0	24.0	严重影响
	6711	Kate	台风	35	斗门—台山	8月21日	9～10	8月21—22日	79.0	148.9	24.0	34.0	严重影响
	6715	Ratsy	强热带风暴	25	琼海	9月6日	8	9月6—7日	97.4	122.9			明显影响
	6718	Carla	超强台风	80	徐闻	10月19日	9	10月18—19日	11.5	15.6	10.0	18.0	明显影响
	6720	Emma	超强台风	65	湛江—海康	11月8日	9～10	11月7—8日	4.1	7.0	20.0	28.0	严重影响
1968	6808	Shirley	台风	40	香港	8月21日	12	8月20—22日	136.3	293.9	22.0	32.0	严重影响
1969	6903	Viola	超强台风	75	惠来	7月28日	> 13	7月28—31日	171.7	242.9	17.0	21.0	严重影响
	6906	Betty	台风	40	连江	8月8日	12	8月10—11日	171.1	188.6			明显影响

注：*1979年3月5日，国务院批复同意广东省宝安县改设为深圳市。

2.3 1970—1979年影响深圳的台风

年份	国内编号	台风名	强度	中心最大风速（米/秒）	登陆点	登陆日期	登陆时风力（级）	影响深圳时段	最大日雨量（毫米）	过程总雨量（毫米）	最大平均风速（米/秒）	最大阵风风速（米/秒）	影响程度
1970	0000		热带低压	12	陵水—万宁	6月22日	6	6月22—23日	67.0	89.2			明显影响
	7003	Ruby	强热带风暴	25	惠东	7月16日	8	7月15—16日	78.2	90.1	14.0	16.0	明显影响
	7004		强热带风暴	25	宝安—惠阳	8月3日	8	8月2—5日	122.3	272.3	15.0	19.0	严重影响
	7005	Violet	热带风暴	20	台山	8月9日	7	8月9日	32.3	32.3	8.0	16.0	明显影响
	7010	Fran	强热带风暴	30	莆田	9月8日	7	9月9—11日	108.7	151.8			明显影响
	7011	Georgia	超强台风	65	海丰	9月14日	9	9月14—16日	22.8	38.1	16.0	20.0	明显影响
	0000		热带低压	12	西行	9月		9月28日	89.9	89.9			明显影响
	7013	Joan	超强台风	75	琼海—文昌	10月17日	12	10月15—18日	109.0	142.0	12.0	18.0	严重影响
1971	7108	Freda	超强台风	35	珠海	6月18日	10	6月17—18日	96.0	148.6	23.0	>40.0	严重影响
	7118	Rose	超强台风	60	番禺	8月17日	11	8月16—17日	231.6	250.7	27.0	>40.0	严重影响
	7113	Jean	超强台风	55	崖县—陵水	7月17日	9～10	7月15—17日	64.5	102.8	8.0	12.0	明显影响
	7114	Lucy	超强台风	60	惠东	7月22日	11	7月22日	107.6	107.6	18.0	29.0	严重影响
1972	7204	Susan	强台风	45	惠安—莆田	7月15日	7	7月11—13日	5.7	5.9	11.3		明显影响
	7209	Betty	超强台风	60	平阳	8月17日	12	8月19—21日	144.3	226.0	4.0		明显影响
	7220	Pamela	强台风	50	文昌、电白	11月8日、8日	12、11	11月8—9日	63.0	71.2	11.7	19.0	明显影响
1973	7304	Dot	台风	35	宝安	7月17日	11	7月15—17日	233.3	259.5	14.0	24.0	严重影响
	7307	Georgia	台风	35	电白	8月12日	11	8月10—13日	68.2	148.0	10.0		明显影响
	7310	Joan	强热带风暴	30	徐闻	8月21日	7	8月20—21日	29.9	42.6	11.0		明显影响
	7311	Kate	强热带风暴	30	文昌	8月25日	11	8月23—26日	41.2	81.1	13.0		明显影响
	7312		强热带风暴	25	电白	8月30日	6	8月28日—9月3日	164.2	358.1	7.0		严重影响
1974	7406	Dinah	台风	35	文昌	6月13日	11	6月12—15日	41.9	85.2	11.0	19.0	明显影响
	7411	Ivy	超强台风	60	阳江	7月22日	12	7月21—23日	80.3	103.2	12.0	18.0	严重影响
	7422	Carmen	台风	40	南海消失	10月		10月18—20日	245.3	391.6	13.3	19.0	严重影响
	7424	Elaine	强台风	45	南海消失	10月		10月29—31日	65.8	129.6	10.0	17.0	明显影响
	7427	Irma	强台风	50	台山	12月2日	8～9	12月2日	98.8	98.8	6.0		明显影响
1975	7506		热带风暴	20	万宁、斗门	8月11日、14日	6～7、6～7	8月12—14日	44.9	81.7	8.3		明显影响
	7513	Doris	台风	35	台山	10月6日	12	10月4—6日	101.1	138.2	11.3	18.0	严重影响
	7514	Elsie	超强台风	60	沿海消失	10月		10月14—15日	122.1	200.2	15.0	21.0	严重影响
	7515	Flossie	台风	35	吴川	10月23日	11	10月23日	36.5	36.5	11.0		明显影响
1976	7610	Violet	台风	35	阳江	7月26日	11	7月24—27日	100.7	278.9	7.0		严重影响
	7613	Billie	超强台风	60	宜兰、莆田	8月10日、10日	12、12	8月11—12日	46.8	87.6	5.0		明显影响
	7614	Clara	台风	35	台山	8月6日	11	8月6—7日	52.2	82.9	7.7		明显影响
	7616	Ellen	强热带风暴	30	海丰	8月24日	11	8月24—25日	257.4	353.6	7.3		严重影响
	7619	Iris	台风	35	湛江、儋县、万宁	9月20日、22日、26日	11、7、7	9月18—20日	72.3	101.9	11.3	21.0	明显影响
1977	7702		热带风暴	20	文昌、吴川	7月5日、6日	4、6	7月5—6日	30.1	37.0	8.0		明显影响
	7703	Sarah	台风	35	琼海	7月20日	11	7月19—21日	105.9	137.9	7.0		明显影响
	7705	Vera	超强台风	55	基隆、惠安	7月31日、8月1日	12、11	7月31日—8月3日	60.3	178.0	9.3		明显影响
	7707	Carla	强热带风暴	25	西行	9月		9月4—6日	83.0	182.3	8.0	>17.0	明显影响
	7712	Freda	强热带风暴	30	阳江	9月25日	9	9月24—26日	161.0	249.7	10.0	18.0	严重影响
1978	7807	Agnes	台风	40	饶平	7月31日	5	7月26—31日	130.9	486.5	14.0	25.0	严重影响
	7812	Elaine	台风	35	吴川、东兴	8月27日、28日	11、10	8月27日	52.6	52.6	16.0		明显影响
	7817	Kit	强热带风暴	30	西行	9月		9月25—26日	79.9	151.9	4.7		明显影响
	7818	Lola	台风	40	琼海—文昌	10月1日	10	10月1—2日	47.8	87.2	6.7		明显影响
	7820	Nina	强热带风暴	30	西行	10月		10月16—17日	86.3	129.2	6.7		明显影响
1979	7907	Gordon	强热带风暴	30	陆丰	7月29日	10	7月29—31日	128.8	163.9	7.0		明显影响
	7908	Hope	超强台风	70	深圳	8月2日	13	8月1—4日	63.7	137.7	30.0	>40.0	严重影响
	7913	Mac	强热带风暴	30	珠海、深圳	9月23、25	9、<5	9月23—24日	89.4	114.7	11.7	20.0	严重影响

2.4　1980—1989年影响深圳的台风

年份	国内编号	台风名	强度	中心最大风速（米/秒）	登陆点	登陆日期	登陆时风力（级）	影响深圳时段	最大日雨量（毫米）	过程总雨量（毫米）	最大平均风速（米/秒）	最大阵风风速（米/秒）	影响程度
1980	8006	Ida	强热带风暴	30	汕头	7月11日	9	7月11—14日	99.3	227.3	8.0		明显影响
	8008		热带风暴	20	阳江	7月19日	8	7月18—19日	21.1	38.4	11.0		明显影响
	8007	Joe	强台风	45	徐闻	7月22日	12	7月22—23日	29.5	44.2	14.7	>17.0	明显影响
	8009	Kim	超强台风	60	陆丰	7月27日	11	7月26—28日	195.8	219.3	9.0	>17.0	严重影响
1981	8106	Lynn	强热带风暴	30	台山	7月7日	11	7月6—7日	47.8	91.0	11.0	>17.0	明显影响
	8107	Maury	强热带风暴	30	长乐	7月20日	11	7月21—25日	103.5	165.1	8.0		严重影响
1982	8209	Andy	超强台风	55	台东、莆田	7月29日、29日	12、8	7月31日—8月1日	89.7	171.9	7.0		明显影响
	8212	Dot	台风	35	大武、漳浦	8月15日、15日	11、8	8月16—18日	198.1	396.8	6.0		严重影响
1983	8303	Vera	台风	35	文昌	7月17日	12	7月16—17日	40.3	47.0	11.7	>17.0	明显影响
	8309	Ellen	超强台风	60	珠海	9月9日	13	9月8—12日	120.3	201.1	19.0	33.0	严重影响
	8311	Georgie	强热带风暴	30	文昌	9月30日	10	9月29—30日	52.9	70.3	6.7		明显影响
	8314	Joe	强热带风暴	30	台山	10月13日	11	10月13—15日	97.3	146.6	10.7		明显影响
1984	8402	Wynne	强热带风暴	30	电白—吴川	6月25日	11	6月25日	36.9	36.9	9.3		明显影响
	8404	Betty	强热带风暴	30	阳江	7月9日	10～11	7月8—9日	49.7	64.9	8.7		明显影响
	0000		热带低压	15	琼海	8月10日	6	8月10—13日	129.5	237.3	6.0		明显影响
	8408	Gerald	强热带风暴	30	深圳	8月21日	7	8月20—21日	55.4	65.8	9.0		明显影响
	8411	June	强热带风暴	30	惠来	8月31日	8	8月31日—9月2日	47.6	84.3	5.3		明显影响
1985	8504	Hal	台风	40	海丰	6月24日	10	6月24—25日	119.7	133.5	12.3	>17.0	严重影响
	0000		强热带风暴	25	汕头、逐溪	8月20日、26日	5、8	8月21—22日	73.6	127.3	9.0		明显影响
	8515	Tess	台风	40	台山—阳江	9月6日	11	9月4—6日	121.9	184.8	12.0	>17.0	严重影响
1986	8605	Nancy	台风	40	花莲—新港	6月24日	12	6月25—27日	78.6	119.5	7.3		明显影响
	8607	Peggy	超强台风	65	陆丰—海丰	7月11日	11	7月11—12日	154.0	202.1	8.7		严重影响
	8613		热带风暴	20	陵水—万宁	8月10日	6	8月9—11日	159.2	282.5	11.0		严重影响
	8616	Wayne	强台风	45	彰化—嘉义、文昌、徐闻	8月22日、9月5日、9月5日	12、12、12	9月3—7日	36.3	135.4	12.0		明显影响
	8621	Ellen	台风	40	湛江	10月19日	8	10月17—19日	4.8	5.7	13.7		明显影响
	8625	Ida	强热带风暴	30	西行	11月		11月15—16日	67.5	95.6	10.3		明显影响
1987	8702	Ruth	台风	35	阳江	6月19日	11	6月19—21日	41.1	70.2	10.0		明显影响
	8708	Betty	超强台风	70	西行	8月		8月15—17日	30.8	70.7	8.3		明显影响
	8721	Nina	强台风	50	南海消失	11月		11月28—29日	53.5	90.4	20.3		严重影响
1988	8805	Warren	超强台风	55	惠来	7月19日	12	7月19—20日	153.2	221.2	15.0	23.0	严重影响
	8824	Ruby	强台风	45	万宁	10月28日	10	10月26—31日	11.7	21.9	13.7	18.0	明显影响
1989	8903	Brenda	台风	35	台山	5月20日	11	5月19—21日	174.7	338.2	13.0	24.0	严重影响
	8908	Gordon	超强台风	60	阳江	7月18日	12	7月17—19日	80.9	114.3	16.7	25.0	严重影响

2.5 1990—1999年影响深圳的台风

年份	国内编号	台风名	强度	中心最大风速（米/秒）	登陆点	登陆日期	登陆时风力（级）	影响深圳时段	最大日雨量（毫米）	过程总雨量（毫米）	最大平均风速（米/秒）	最大阵风风速（米/秒）	影响程度
1990	9004	Nathan	强热带风暴	30	海康	6月18日	10	6月16—18日	65.5	137.4	10.0		明显影响
	9009	Tasha	台风	35	海丰—陆丰	7月31日	11	7月29—31日	83.1	119.3	11.7		严重影响
	9018	Dot	台风	40	新港、晋江	9月7日、8日	12、10	9月8—11日	95.4	168.4	8.3		明显影响
1991	9106	Zeke	强台风	45	万宁	7月13日	12	7月12—14日	44.4	102.0	6.7		明显影响
	9108	Brendan	台风	35	珠海	7月24日	12	7月23—24日	44.0	55.1	15.0	25.0	严重影响
	9111	Fred	强台风	45	徐闻、临高	8月16日、16日	12、12	8月14—17日	70.1	158.4	16.0	25.0	严重影响
1992	9206	Faye	强热带风暴	25	珠海	7月18日	8	7月18日	157.6	157.6	17.3	28.0	严重影响
	9207	Gary	台风	35	湛江	7月23日	10	7月21—23日	29.7	46.2	13.0		明显影响
	9215	Omar	超强台风	55	花莲—新港、晋江	9月4日、5日	11、10	9月6—8日	130.4	208.5	6.7		明显影响
1993	9302	Koryn	超强台风	60	台山—阳江	6月27日	12	6月27—29日	41.2	63.5	18.7		严重影响
	9303	Lewis	强热带风暴	30	陵水	7月11日	11	7月11—13日	34.8	89.8	8.2	16.0	明显影响
	9309	Tasha	台风	35	阳江	8月21日	12	8月19—22日	56.0	131.8	13.0	23.8	明显影响
	9316	Beckt	台风	35	斗门—台山	9月17日	12	9月16—18日	64.6	126.6	15.0	26.7	严重影响
	9318	Dot	台风	40	台山—阳江	9月26日	12	9月24—27日	213.5	510.1	10.4	15.8	严重影响
	0000		热带低压	15	深圳	10月13日	7	10月13—14日	63.0	83.0	5.6	8.1	明显影响
	9323	Ira	强台风	45	阳江	11月4日	9	11月4—5日	67.3	131.1	10.9	20.2	明显影响
1994	9403	Russ	强热带风暴	30	徐闻	6月8日	10	6月7—8日	32.2	42.8	8.6	16.7	明显影响
	9405		热带风暴	20	电白—阳江	7月4日	9	7月4—5日	47.1	83.0	9.6	16.9	明显影响
	9407		热带风暴	20	沿海减弱	7月		7月12—15日	43.7	107.4	11.0	19.6	明显影响
	9413	Caitlin	强热带风暴	25	龙海	8月4日	8	8月3—7日	312.1	500.2	11.5	20.8	严重影响
	9419	Harry	台风	35	徐闻	8月27日	10	8月27—29日	36.7	62.9	8.7	15.6	明显影响
1995	9504	Gary	强热带风暴	30	澄海	7月31日	11	8月1—5日	116.6	248.5	8.1	15.8	严重影响
	9505	Helen	强热带风暴	30	惠阳	8月12日	11	8月11—14日	96.9	196.9	10.7	21.5	明显影响
	9508	Lois	强热带风暴	30	万宁	8月28日	11	8月27—29日	53.3	110.1	8.4	13.8	明显影响
	9509	Kent	强台风	50	惠东—海丰	8月31日	12	8月31日—9月1日	75.6	121.8	12.9	23.8	明显影响
	9515	Sibyl	台风	33	电白—阳西	10月3日	11	10月2—6日	187.0	480.1	12.8	22.7	严重影响
1996	9615	Sally	强台风	50	吴川—湛江、北海、防城港	9月9日、9日、9日	12、10、8	9月9日	41.9	41.9	10.7	19.0	明显影响
	9618	Willie	台风	33	徐闻	9月20日	10	9月19—21日	72.0	189.6	6.6	11.0	明显影响
1997	9710	Victor	强热带风暴	30	香港	8月2日	11	8月2—4日	156.8	275.7	14.2	25.8	严重影响
	9713	Zita	强热带风暴	30	雷州	8月22日	11	8月21—24日	168.8	243.9	9.9	17.1	严重影响
1998	该年份记录到的台风对深圳未造成明显影响												
1999	9903	Maggie	台风	40	惠来、香港、台山—斗门	6月6日、7日、7日	12、10、8	6月7日	81.5	81.5	11.8	20.2	严重影响
	9908	Sam	台风	33	深圳	8月22日	11	8月21—25日	298.3	523.6	9.9	22.5	严重影响
	9910	York	强热带风暴	30	中山	9月16日	11	9月16—17日	198.9	219.5	16.7	27.7	严重影响
	9913	Cam	强热带风暴	25	香港	9月26日	7	9月26日	49.0	49.0	10.5	17.7	明显影响

2.6　2000—2009年影响深圳的台风

年份	国内编号	台风名	强度	中心最大风速（米/秒）	登陆点	登陆日期	登陆时风力（级）	影响深圳时段	最大日雨量（毫米）	过程总雨量（毫米）	最大平均风速（米/秒）	最大阵风风速（米/秒）	影响程度
2000	0010	碧利斯	超强台风	55	台东、晋江	8月22日、23日	12、12	8月23—25日	160.6	252.4	6.6	12.1	严重影响
	0013	玛莉亚	强热带风暴	28	惠东—海丰	9月1日	10	8月31日—9月2日	51.6	108.9	8.3	13.8	明显影响
2001	0103	榴莲	台风	35	湛江、钦州	7月2日、2日	12、10	7月1—2日	41.4	73.0	8.2	16.3	明显影响
	0104	尤特	台风	35	海丰—惠东	7月6日	11	7月5—8日	95.1	146.2	8.4	16.3	明显影响
	0107	玉兔	台风	33	电白	7月26日	12	7月24—26日	54.7	82.8	8.5	18.1	明显影响
2002	0212	北冕	强热带风暴	28	陆丰	8月5日	10	8月6日	83.7	83.7	5.7	10.4	明显影响
	0214	黄蜂	强热带风暴	30	吴川	8月19日	11	8月18—20日	42.9	101.3	7.3	12.3	明显影响
	0218	黑格比	强热带风暴	25	阳江	9月12日	10	9月10—12日	30.9	63.3	8.2	15.4	明显影响
2003	0307	伊布都	强台风	50	阳江—电白	7月24日	12	7月24—25日	23.5	33.5	10.6	21.0	明显影响
	0312	科罗旺	台风	40	文昌、徐闻	8月25日	12、12	8月24—25日	65.8	88.5	9.0	16.5	明显影响
	0313	杜鹃	强台风	45	惠东、深圳、中山	9月2日、2日、2日	12、12、11	9月2—3日	86.8	103.1	12.2	26.5	严重影响
2004	0411		热带低压	23	陆丰—惠来	7月27日	8	7月29日	56.9	56.9	4.4	8.8	明显影响
	0414	云娜	强台风	45	浙江温岭	8月12日	14	8月11日	87.5	87.5	7.6	18.3	明显影响
	0418	艾利	台风	40	石狮	8月25日	12	8月29—30日	115.6	142.7	4.7	11.3	明显影响
2005	0505	海棠	超强台风	65	宜兰、福建连江	7月18、19日	14、12	7月21—22日	57.7	96.1	5.9	10.7	明显影响
	0508	天鹰	强热带风暴	25	海南琼海	7月30日	10	7月29—31日	59.7	130.9	7.2	12.9	明显影响
	0510	珊瑚	强热带风暴	30	广东澄海	8月13日	10	8月13—15日	89.3	127.1	6.7	22.9	明显影响
	0516	韦森特	热带风暴	23	越南北部	9月18日	8	9月17—18日	16.6	25.7	7.8	17.2	明显影响
	0518	达维	强台风	45	海南万宁	9月26日	14	9月24—27日	91.4	159.9	12.9	24.0	严重影响
	0519	龙王	超强台风	60	花莲、厦门	10月2日、2日	15、11	10月2日	21.2	21.2	13.9	18.9	明显影响
2006	0601	珍珠	强台风	50	饶平县汕头市澄海区交界处	5月18日	12	5月16—17日	14.2	14.5	13.7	23.7	明显影响
	0604	碧利斯	强热带风暴	30	福建北部霞浦县	7月14日	11	7月14—17日	39.8	58.5	11.9	20.1	严重影响
	0605	格美	台风	40	福建省晋江市围头镇	7月25日	12	7月26—30日	60.7	142.0	7.1	12.3	明显影响
	0606	派比安	台风	33	阳西与电白之间	8月3日	12	8月2—6日	65.8	144.7	10.4	21.2	严重影响
	0609	宝霞	强热带风暴	25	西行过程中减弱消失			8月10—11日	47.1	50.7	7.9	12.9	明显影响
		TD05号	热带低压	15	阳江	8月25日		8月24—25日	41.2	45.2	6.3	11.0	明显影响
		TD07号	热带低压	15	阳江市埠场镇	9月13日		9月13—14日	109.0	213.0	7.6	13.0	严重影响
2007	0707	帕布	强热带风暴	30	香港屯门、中山	8月10日、10日	8、7	8月8—12日	48.2	143.9	8.9	13.7	明显影响
	0709	圣帕	超强台风	65	福建惠安	8月19日	12	8月18—20日	21.1	37.4	14.0	23.2	明显影响
2008	0801	浣熊	台风	40	文昌、阳东	4月18、19日	11、7	4月18—20日	117.8	124.3	8.9	15.4	严重影响
	0806	风神	强台风	45	深圳葵冲	6月25日	10	6月25—26日	203.9	302.5	11.5	18.9	严重影响
	0809	北冕	强热带风暴	25	阳西、东兴	8月6日、7日	8、8	8月5—8日	62.8	171.0	9.6	18.7	明显影响
	0812	鹦鹉	台风	40	香港西贡、广东南沙	8月22日、22日	12、9	8月22—23日	21.1	32.5	16.5	28.0	严重影响
	0814	黑格比	强台风	50	茂名市电白县陈村镇	9月24日	15	9月23—24日	73.4	85.8	12.8	24.4	严重影响
	0817	海高斯	热带风暴	18	海南文昌市龙楼镇广东吴川市大山江镇	10月3、4日	8、7	10月4—6日	117.4	142.5	9.5	17.4	严重影响
2009	0904	浪卡	热带风暴	23	惠东县平海镇	6月26日	8	6月27—28日	12.7	21.2	9.6	17.7	明显影响
	0906	莫拉菲	台风	38	深圳市南澳镇	7月19日	13	7月18—20日	115.5	129.8	15.7	24.3	严重影响
	0907	天鹅	强热带风暴	28	台山市海宴镇沿海	8月5日	10	8月4—6日	32.3	58.9	6.6	12.6	明显影响
	0915	巨爵	台风	40	台山市北陡镇	9月15日	12	9月14—16日	127.9	170.0	10.8	22.2	严重影响

2.7 2010—2018年影响深圳的台风

年份	国内编号	台风名	强度	中心最大风速（米/秒）	登陆点	登陆日期	登陆时风力（级）	影响深圳时段	最大日雨量（毫米）	过程总雨量（毫米）	最大平均风速（米/秒）	最大阵风风速（米/秒）	影响程度
2010	1003	灿都	台风	35	湛江吴川市吴阳镇	7月22日	12	7月21—24日	31.3	66.7	5.8	12.0	明显影响
	1006	狮子山	强热带风暴	28	福建漳浦县	9月2日	9	9月2—4日	77.0	106.8	7.6	15.2	明显影响
	1010	莫兰蒂	台风	35	福建石狮	9月10日	12	9月9—13日	62.4	163.1	8.0	15.0	明显影响
	1011	凡亚比	超强台风	52	台湾花莲、福建漳浦	9月19日、20日	14、12	9月20—23日	51.9	103.9	9.8	15.0	明显影响
2011	1104	海马	热带风暴	20	电白—阳西、吴川	6月23日、23日	8、8	6月21—24日	41.7	51.1	7.0	13.7	明显影响
	1117	纳沙	强台风	45	海南省文昌市翁田镇、广东徐闻	9月29日	14、12	9月29—30日	53.0	54.4	9.4	19.8	明显影响
2012	1206	杜苏芮	热带风暴	23	珠海南水镇	6月30日	9	6月30日	33.6	33.6	8.3	16.8	明显影响
	1208	韦森特	强台风	45	台山赤溪镇	7月24日	14	7月22—27日	152.3	366.9	11.1	23.9	严重影响
	1213	启德	台风	38	湛江湖光镇	8月17日	13	8月16—17日	46.1	49.4	7.7	13.5	明显影响
2013	0000	热带低压	热带低压	16	海南文昌	6月15日	7	6月14—16日	36.5	68.9	4.2	8.4	明显影响
	1306	温比亚	强热带风暴	30	湛江湖光镇	7月2日	11	7月1日	17.6	17.6	4.8	10.9	明显影响
	1309	飞燕	强热带风暴	30	海南省文昌市龙楼镇	8月2日	11	8月2—3日	40.7	79.9	5.0	10.7	明显影响
	1311	尤特	超强台风	60	阳江市阳西县溪头镇	8月14日	14	8月13—15日	47.8	74.4	6.9	14.2	明显影响
	1319	天兔	超强台风	60	广东汕尾	9月22日	14	9月22—23日	72.4	86.6	11.6	21.6	严重影响
2014	1409	威马逊	超强台风	72	海南文昌、广东徐闻、广西防城港	7月18日、18日、19日	＞17、＞17、15	7月17—18日	31.6	31.6	7.0	14.7	明显影响
	1415	海鸥	强台风	42	海南文昌、广东徐闻	9月16日、16日	14、14	9月15—17日	73.5	108.5	9.0	18.9	明显影响
2015	1522	彩虹	超强台风	52	广东湛江坡头	10月4日	16	10月3—4日	108.5	114.3	6.3	13.5	严重影响
2016	1604	妮妲	台风	35	深圳大鹏	8月2日	12	8月1—3日	166.0	205.4	11.2	19.2	严重影响
	1608	电母	热带风暴	23	广东湛江雷州	8月18日	8	8月17—18日	45.5	56.5	3.9	9.1	明显影响
	1621	莎莉嘉	超强台风	55	海南万宁、广西东兴	10月18日、19日	13、8	10月17—19日	117.6	232.0	6.3	12.3	严重影响
	1622	海马	超强台风	68	广东汕尾海丰	10月21日	13	10月21日	83.7	83.7	8.9	18.8	严重影响
2017	1702	苗柏	强热带风暴	25	深圳大鹏	6月12日	10	6月12—13日	161.8	177.3	9.1	16.9	严重影响
	1707	洛克	热带风暴	20	香港	7月23日	8	7月23日	13.4	13.4	4.8	10.6	明显影响
	1713	天鸽	超强台风	52	广东珠海金湾	8月23日	14	8月22—23日	56.3	60.6	12.1	23.4	严重影响
	1714	帕卡	强热带风暴	30	广东江门台山	8月27日	11	8月27—28日	114.5	144.9	7.5	17.5	严重影响
	1716	玛娃	强热带风暴	25	广东汕尾	9月3日	8	9月3—4日	82.4	87.3	9.2	14.4	明显影响
	1720	卡努	强台风	42	广东徐闻	10月16日	10	10月14—16日	40.0	64.4	9.8	20.3	明显影响
2018	1804	艾云尼	热带风暴	23	湛江徐闻、海南海口、阳江海陵岛	6月6日、6日、7日	8、8、8	6月6—8日	97.2	260.7	4.5	8.8	严重影响
	1809	山神	热带风暴	23	海南万宁	7月18日	9	7月18日	50.7	50.7	3.6	11.1	明显影响
	1816	贝碧佳	强热带风暴	28	海南琼海、阳江海陵岛、广东雷州	8月10日、11日、15日	7、7、9	8月9—15日	45.3	129.9	3.7	10.8	明显影响
	1822	山竹	超强台风	65	江门台山	9月16日	14	9月16—17日	173.5	225.5	15.6	30.0	严重影响

第 3 章　历年影响深圳台风详情

3.1　2008年以来影响深圳的台风

3.1.1　“浣熊”（0801 号台风）

0801 号台风“浣熊”（Neoguri，台风级）来自南海，中心附近最大平均风速 40 米 / 秒，先后于 2008 年 4 月 18 日 22 时 30 分和 19 日 14 时在海南省文昌县和广东省阳江市阳东县登陆，登陆时中心附近最大风力分别为 11 级和 7 级。“浣熊”影响深圳的时间是 4 月 18—20 日，给深圳国家基本气象站带来过程雨量 124.3 毫米，最大日雨量 117.8 毫米，最大阵风风速 15.4 米 / 秒。

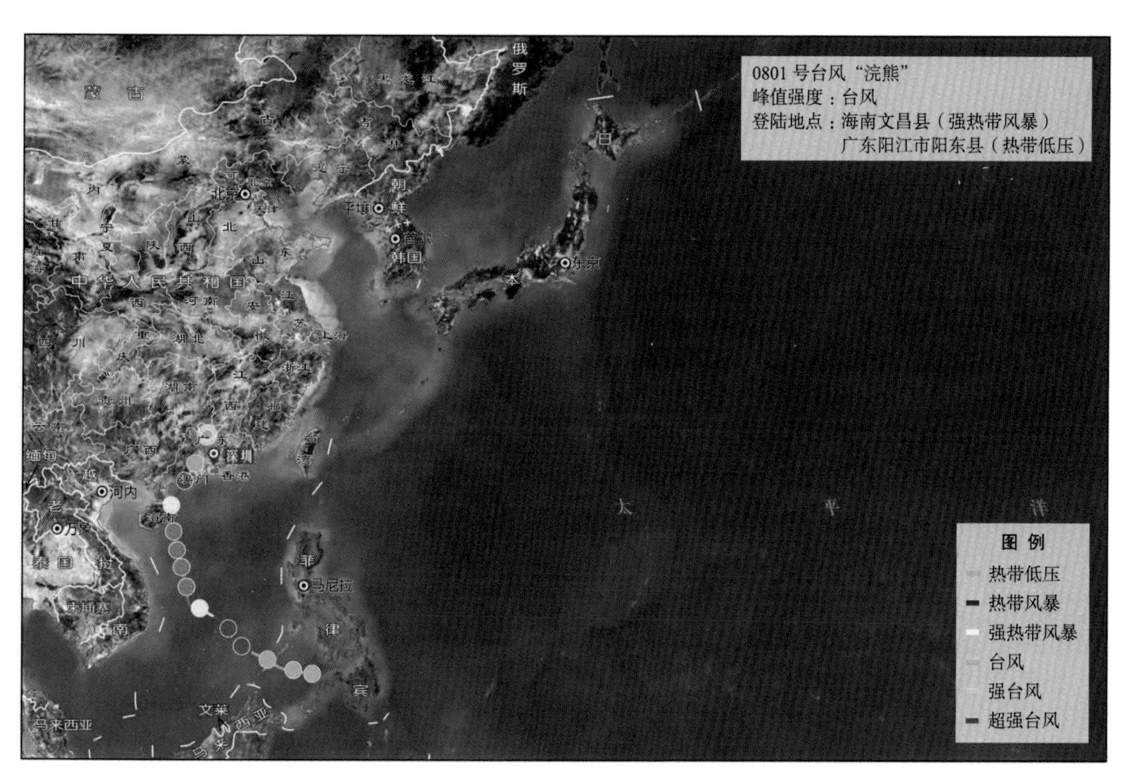

图 3-1　0801 号台风“浣熊”路径示意图
（图上登陆地点注释中括号内为登陆时台风等级，余同）

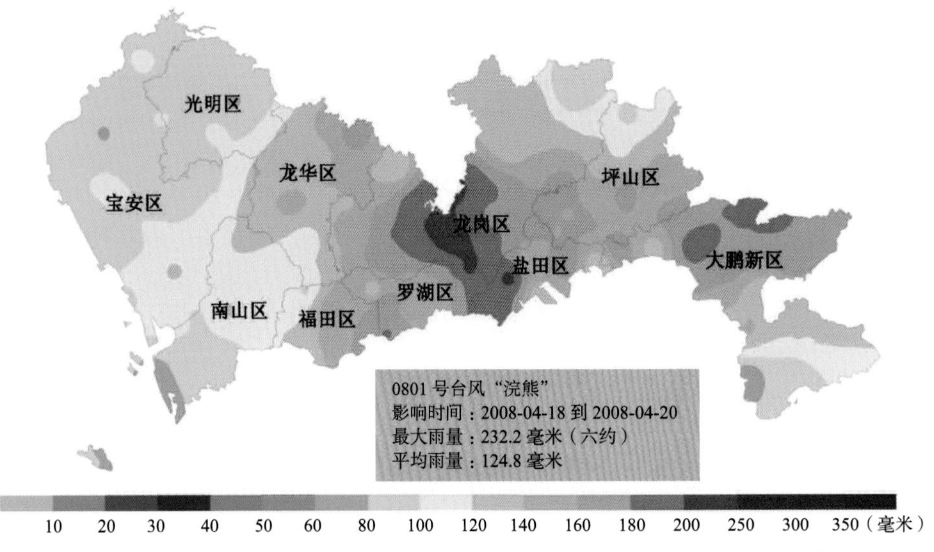

图 3-2　0801 号台风"浣熊"影响深圳期间过程累积雨量分布图

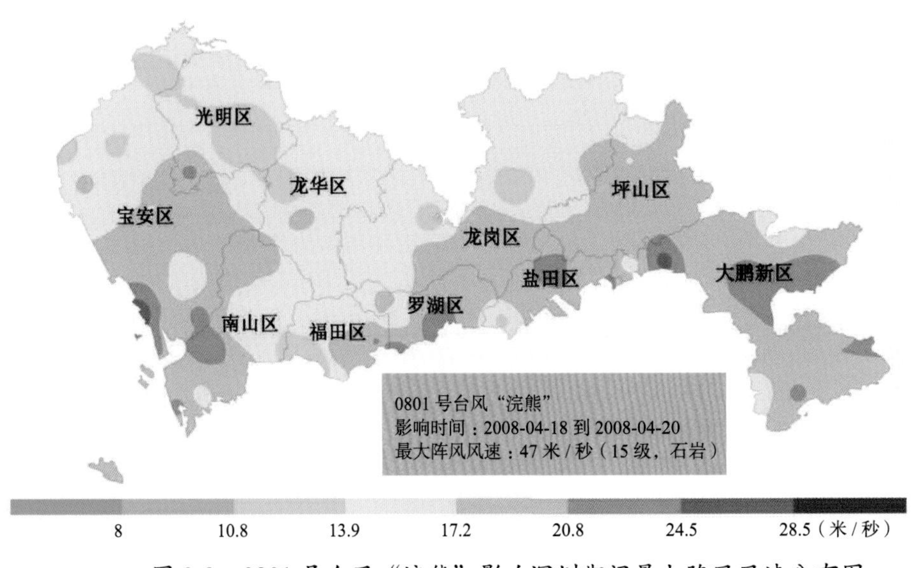

图 3-3　0801 号台风"浣熊"影响深圳期间最大阵风风速分布图

台风"浣熊"带来的强降水造成深圳各区共出现 100 多处水浸和内涝，罗湖的罗沙公路、龙岗的横岗街道红棉路段出现山体滑坡。深圳机场十几个航班延误。蛇口港客运码头开往珠海、香港和澳门多个航线的船班受到影响。此次台风过程共造成 2 人死亡，直接经济损失约 3700 万元。

3.1.2 “风神”（0806 号台风）

0806 号台风“风神”（Fengshen，强台风级）来自太平洋，中心附近最大平均风速 45 米 / 秒，于 2008 年 6 月 25 日 05 时 30 分在深圳葵冲登陆，登陆时中心附近最大风力 10 级。“风神”影响深圳的时间是 6 月 25—26，给深圳国家基本气象站带来过程雨量 302.5 毫米，最大日雨量 203.9 毫米，最大阵风风速 18.9 米 / 秒。

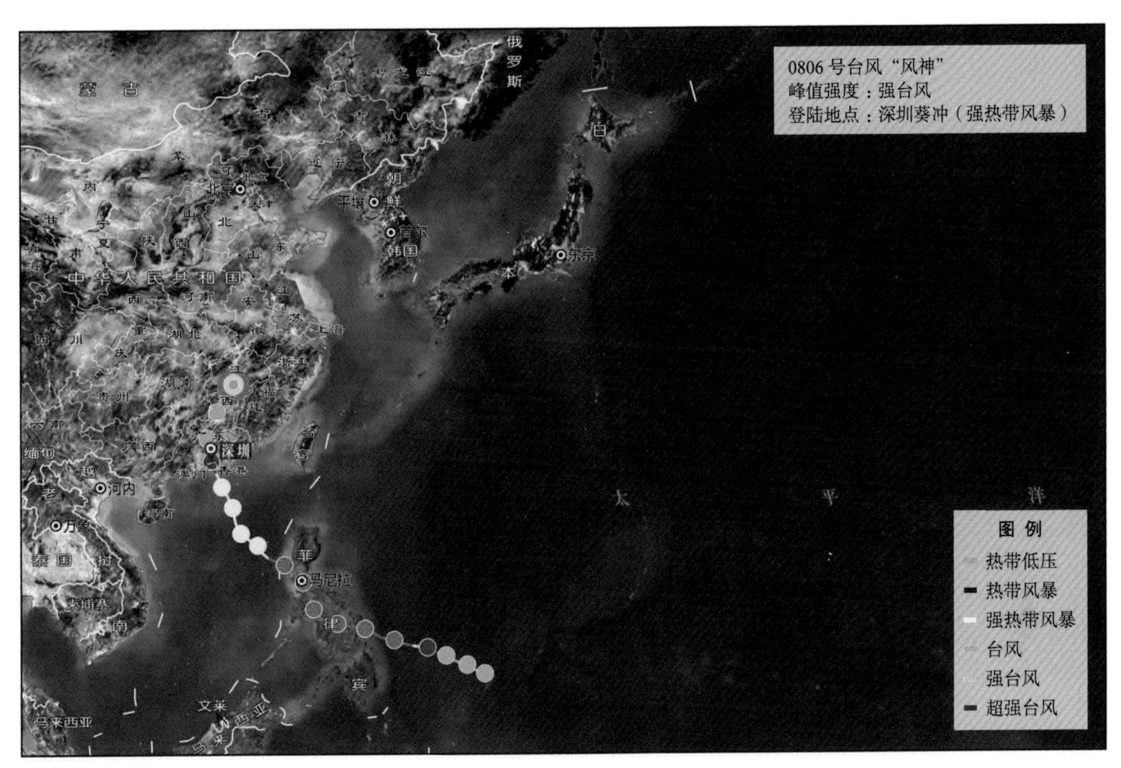

图 3-4　0806 号台风“风神”路径示意图

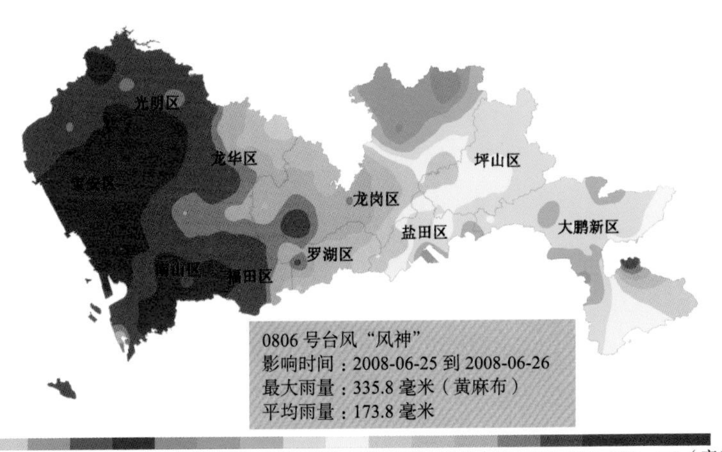

图 3-5　0806 号台风“风神”影响深圳期间过程累积雨量分布图

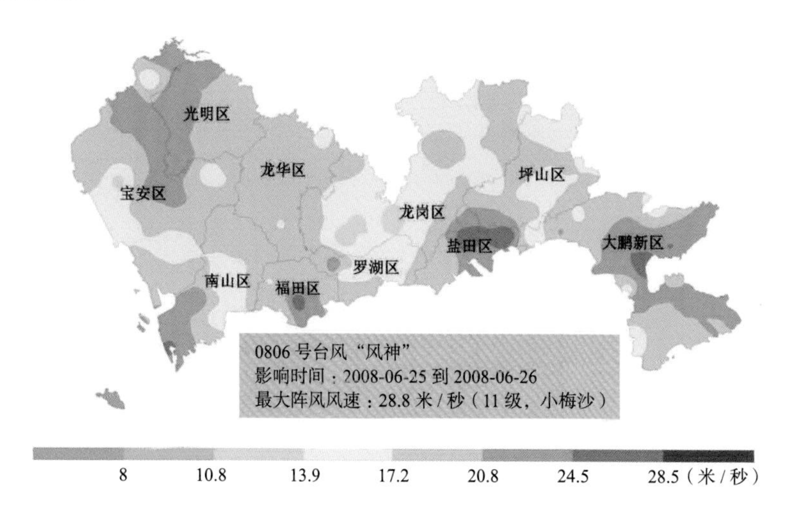

图 3-6　0806 号台风“风神”影响深圳期间最大阵风风速分布图

“风神”致使深圳 5 万人受灾，直接经济损失 1.2 亿元。深圳全市共出现 50 多处积涝，宝安、光明、龙华等多个片区积水 1 米多深；发生大小山体滑坡 50 多处，河堤塌方 4 处，房屋倒塌 4 间，围墙倒塌或出现裂缝 5 处，路桥塌陷 1 处；近 1000 株树被大风刮倒；有 10 座水库泄洪。交通方面，深圳机场 121 个航班延误，14 个航班取消；5 条道路部分路段因积水封闭；盐田港于 25 日凌晨封港，数十条货轮受阻；蛇口及机场福永码头客轮全部取消。深圳各蔬菜生产基地因水浸供应基本停顿，全市蔬菜基本依靠外地调运。

图 3-7　台风“风神”影响深圳期间，一货车因暴雨积水被困（左上），一桥塌陷致一辆轿车与公交汽车陷入坑中（左下），东部海边巨浪溅起的水花高达十多米（右）（图片来源：互联网，其中右图来自深圳新闻网）

3.1.3 “北冕”（0809 号台风）

0809 号台风“北冕”（Kammuri，强热带风暴级）来自南海，中心附近最大平均风速 25 米 / 秒，于 2008 年 8 月 6 日 19 时 45 分和 7 日 14 时 50 分在广东阳江市阳西县溪头镇和广西东兴市江平镇登陆，登陆时中心附近最大风力 8 级。“北冕”影响深圳的时间是 8 月 5—8 日，给深圳国家基本气象站带来过程雨量 171 毫米，最大日雨量 62.8 毫米，最大阵风风速 18.7 米 / 秒。

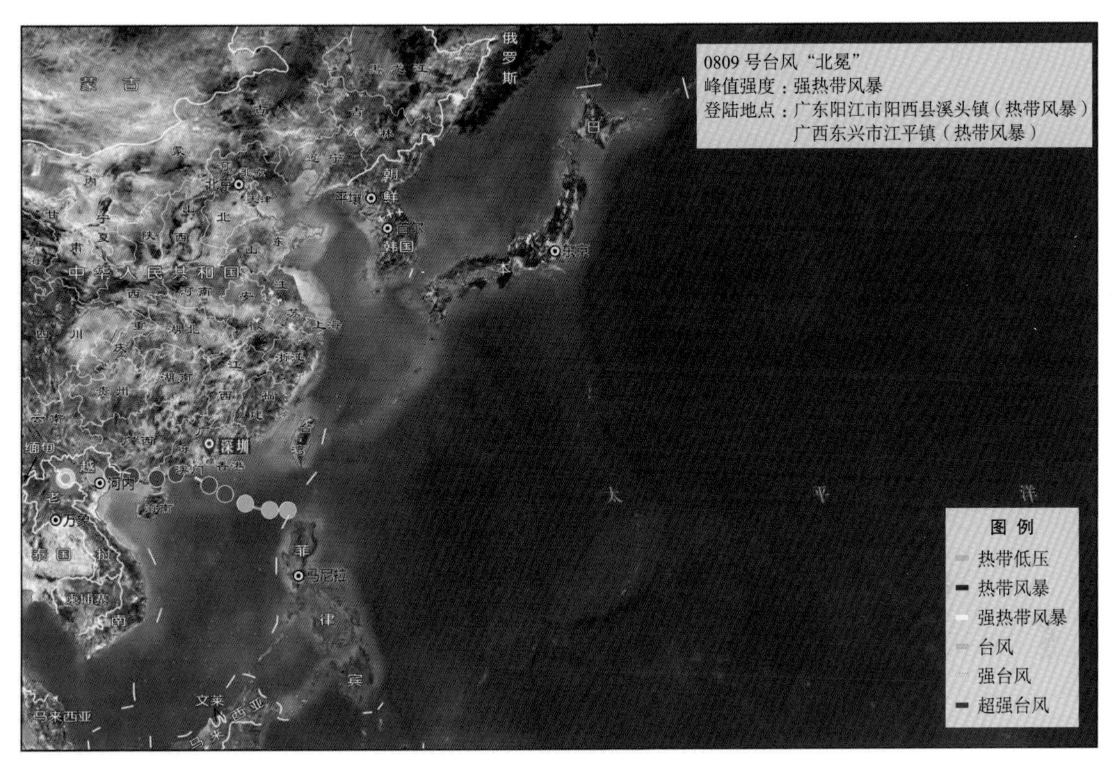

图 3-8　0809 号台风“北冕”路径示意图

光明区
宝安区
龙华区
龙岗区
坪山区
盐田区
大鹏新区
罗湖区
南山区
福田区

0809 号台风“北冕”
影响时间：2008-08-05 到 2008-08-08
最大雨量：297.6 毫米（葵新）
平均雨量：121.8 毫米

10 20 30 40 50 60 80 100 120 140 160 180 200 250 300 350（毫米）

图 3-9　0809 号台风“北冕”影响深圳期间过程累积雨量分布图

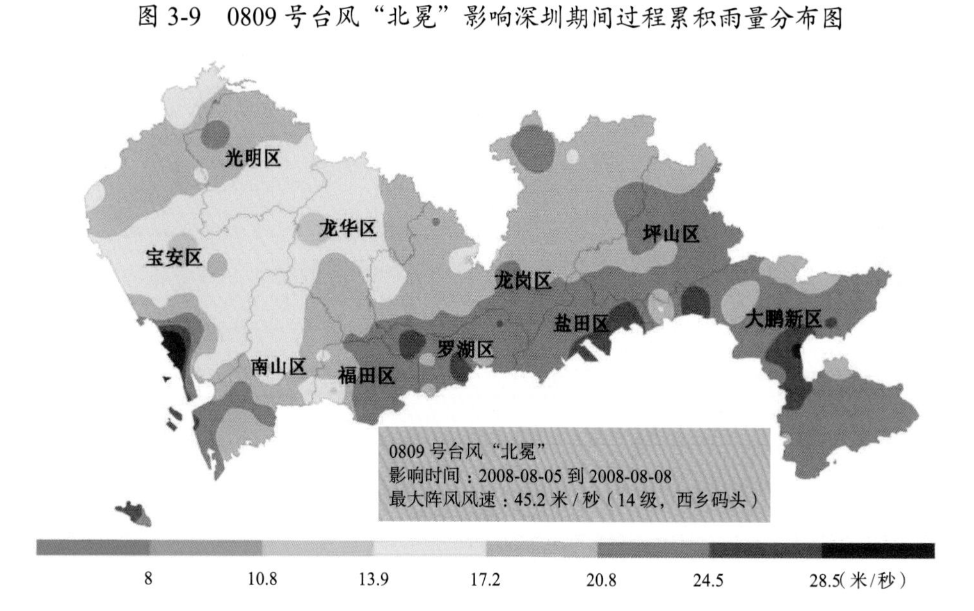

图 3-10　0809 号台风“北冕”影响深圳期间最大阵风风速分布图

盐田港从 8 月 6 日零时起暂停码头作业；蛇口港渔船全部回港，取消 112 个全部班次；龙岗区 1200 艘渔船进港；截至 8 月 6 日 17 时，机场共有 10 个进港航班备降邻近机场，30 多个抵深航班取消，41 个出港航班取消，近百航班延误。罗湖、福田部分路段树倒，引起交通堵塞。1 处广告牌倒塌（6 日上午，龙岗区坂田社区一菜市场门前的招牌被大风刮落，导致 4 辆汽车被砸，4 名路人受伤）。

3.1.4 “鹦鹉”（0812号台风）

0812号台风“鹦鹉”（Nuri，台风级）来自太平洋，中心附近最大平均风速40米/秒，先后于2008年8月22日16时55分和22时10分在香港西贡和广东南沙登陆，登陆时中心附近最大风力分别为12级和9级。“鹦鹉”影响深圳的时间是8月22—23日，给深圳国家基本气象站带来过程雨量32.5毫米，最大日雨量21.1毫米，最大阵风风速28米/秒。

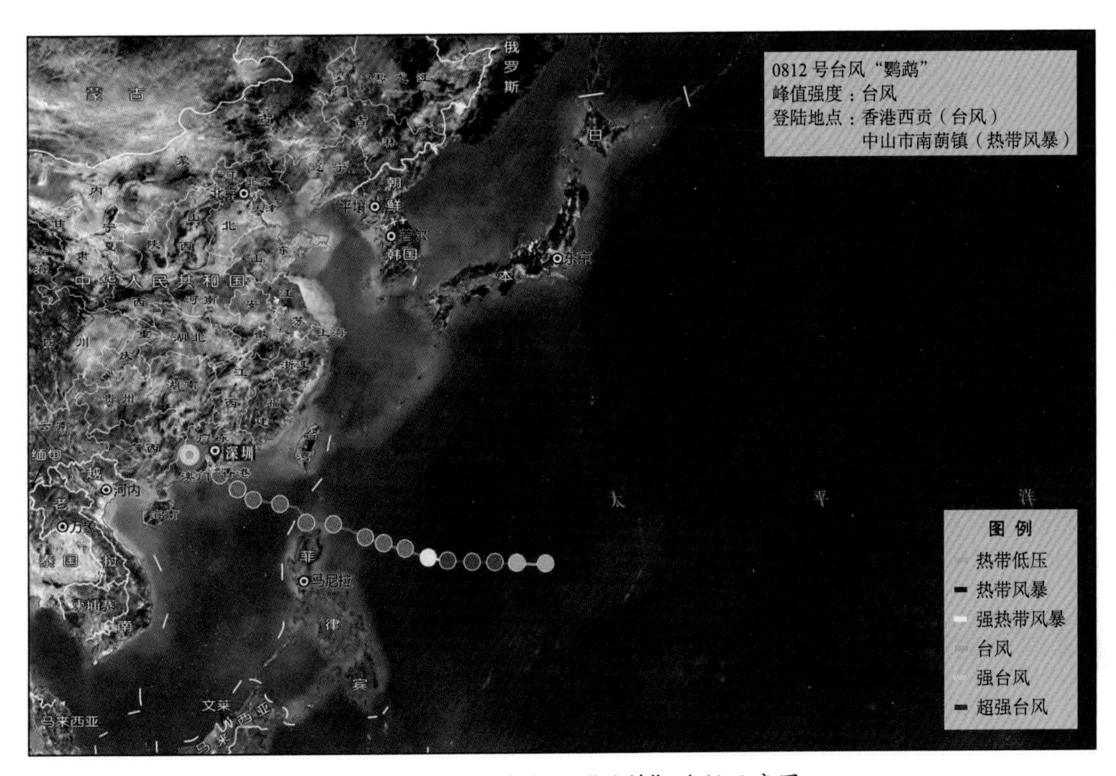

图3-11 0812号台风“鹦鹉”路径示意图

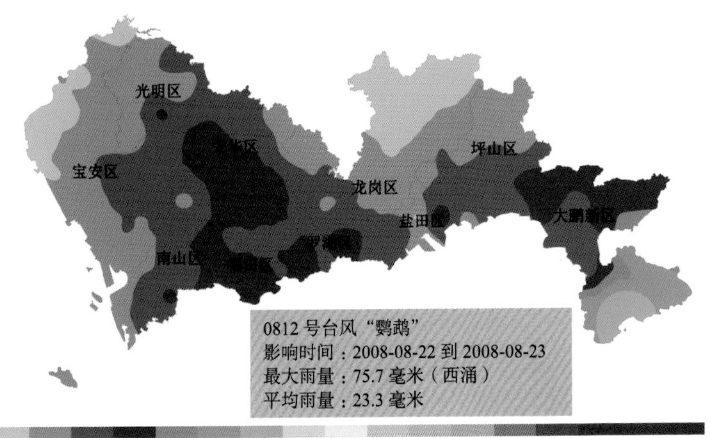

图3-12 0812号台风“鹦鹉”影响深圳期间过程累积雨量分布图

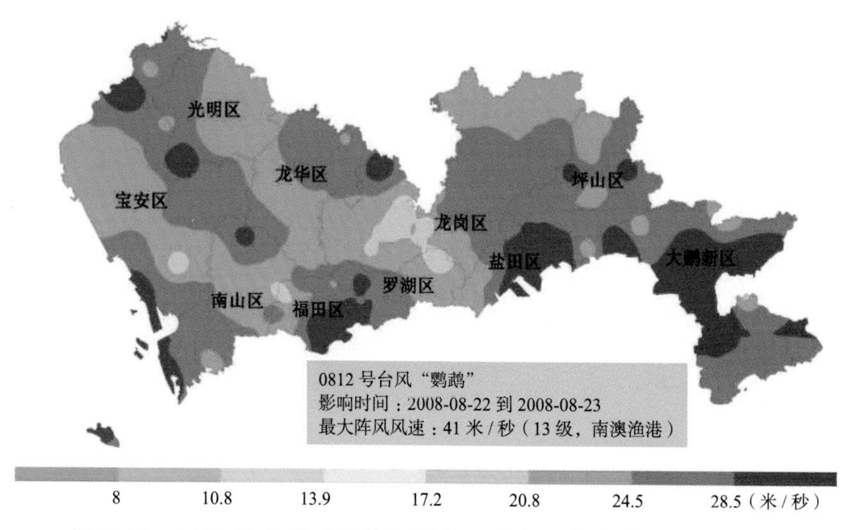

图 3-13　0812 号台风“鹦鹉”影响深圳期间最大阵风风速分布图

深圳全市百余处广告牌和房屋顶棚被吹落，部分砸到行人或车辆，共致 4 人受伤，其中公明一厂房屋顶被掀飞，砸伤 3 人，埋 4 车，120 急救中心收到高空坠物砸伤等事件超过 20 例；4200 多棵树木受到不同程度损毁；109 条次电网线路跳闸；深圳机场 168 个航班被取消，致 2 万人左右受影响；各港口码头停航；共转移危险地带人员 33200 人，377 个避险中心全部开放；无人员死亡报告。

图 3-14　0812 号台风“鹦鹉”灾情图片
（图片来源：奥一网，右图作者为奥一网记者马小六）

3.1.5 “黑格比”（0814号台风）

0814号台风“黑格比”（Hagupit,强台风级）来自太平洋,中心附近最大平均风速50米/秒,于2008年9月24日06时45分在广东茂名市电白县陈村镇登陆，登陆时中心附近最大风力15级。“黑格比”影响深圳的时间是9月23—24日,给深圳国家基本气象站带来过程雨量85.8毫米,最大日雨量73.4毫米，最大阵风风速24.4米/秒。

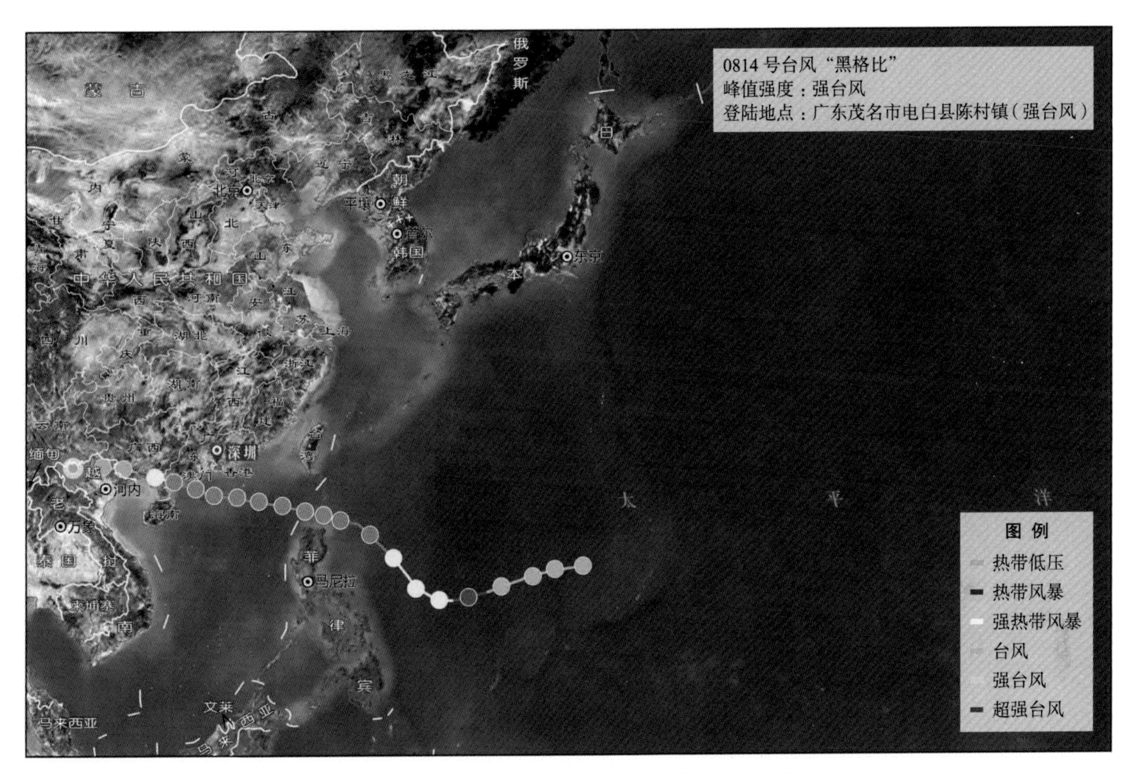

图3-15 0814号台风“黑格比”路径示意图

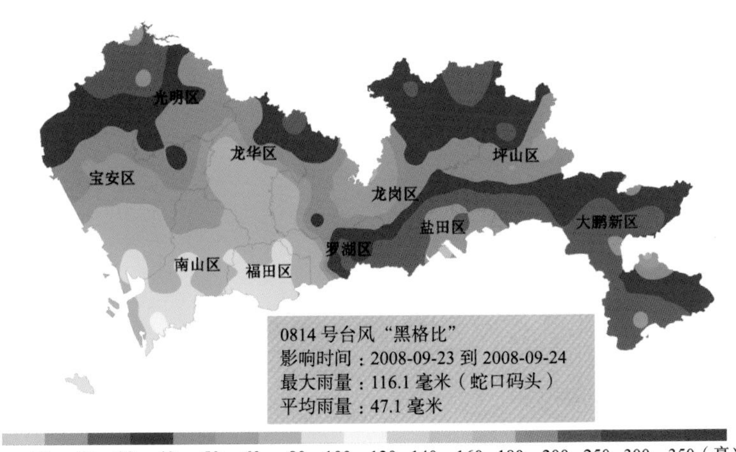

图3-16 0814号台风“黑格比”影响深圳期间过程累积雨量分布图

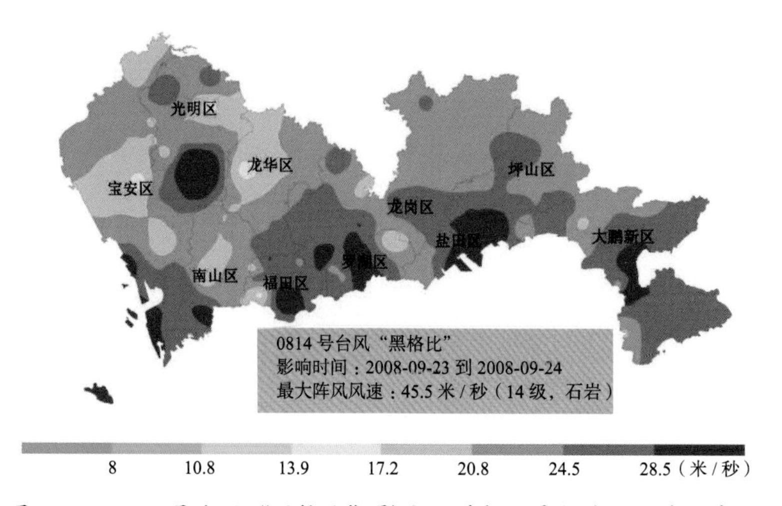

图 3-17　0814 号台风“黑格比”影响深圳期间最大阵风风速分布图

由于“黑格比”强度强，而且登陆时间与天文大潮重叠而引发的风暴潮，造成深圳市沿海地区损失严重。据统计，强台风“黑格比”影响期间，全市共转移内涝点、危险边坡、老屋村等危险地带的居民 44000 人，300 多个避险中心全部开放。福永码头和蛇口客运码头多个船班取消，深圳机场有近百航班取消或延误。布吉 14 间店铺屋顶全部被掀掉，被风掀起的铁皮砸中 3 人，其中 2 人骨折、1 人轻伤。东部海滩和海堤大面积严重冲毁，5719 棵树木被吹倒（或断干、断枝），直接经济损失达 3500 万元。

图 3-18　0814 号台风“黑格比”造成西涌海岸坍塌留下大坑
（图片来源：深圳新闻网—《深圳特区报》）

3.1.6 “海高斯”（0817号台风）

0817号台风“海高斯”（Higos，热带风暴级）来自太平洋，中心附近最大平均风速18米/秒，先后于2008年10月3日22时15分和10月4日17时10分在海南文昌市龙楼镇和广东吴川市大山江镇登陆，登陆时中心附近最大风力分别为8级和7级。“海高斯”影响深圳的时间是10月4—6日，给深圳国家基本气象站带来过程雨量142.5毫米，最大日雨量117.4毫米，最大阵风风速17.4米/秒。

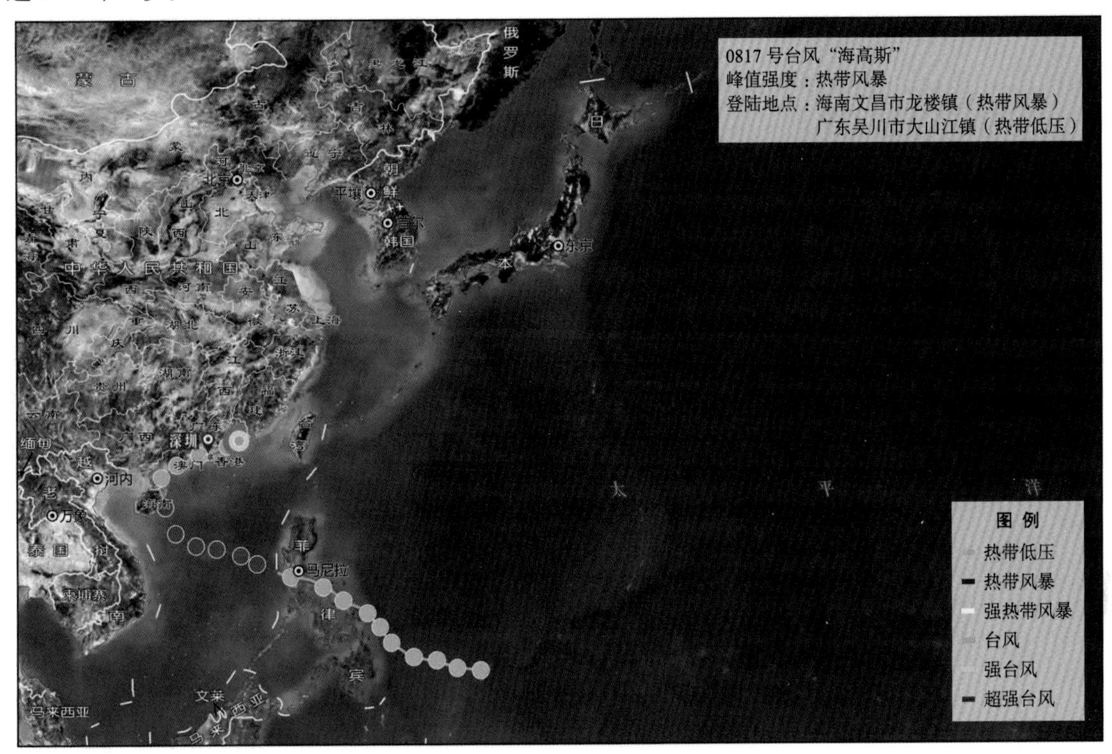

图3-19 0817号台风“海高斯”路径示意图

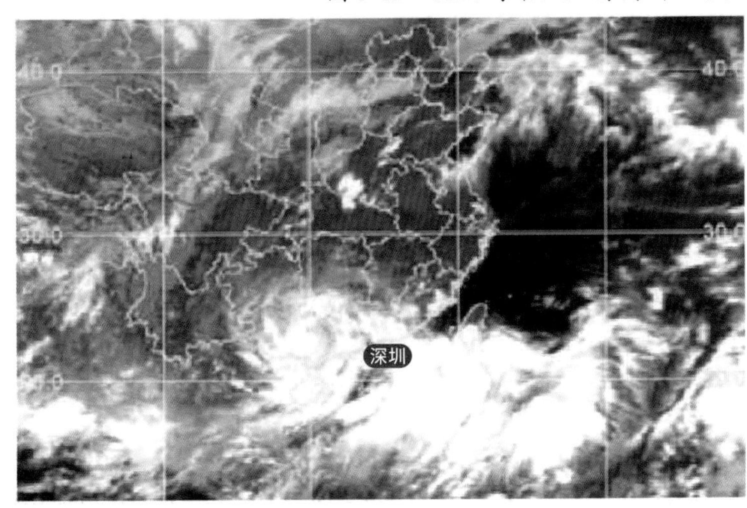

图3-20 0817号台风“海高斯”云图

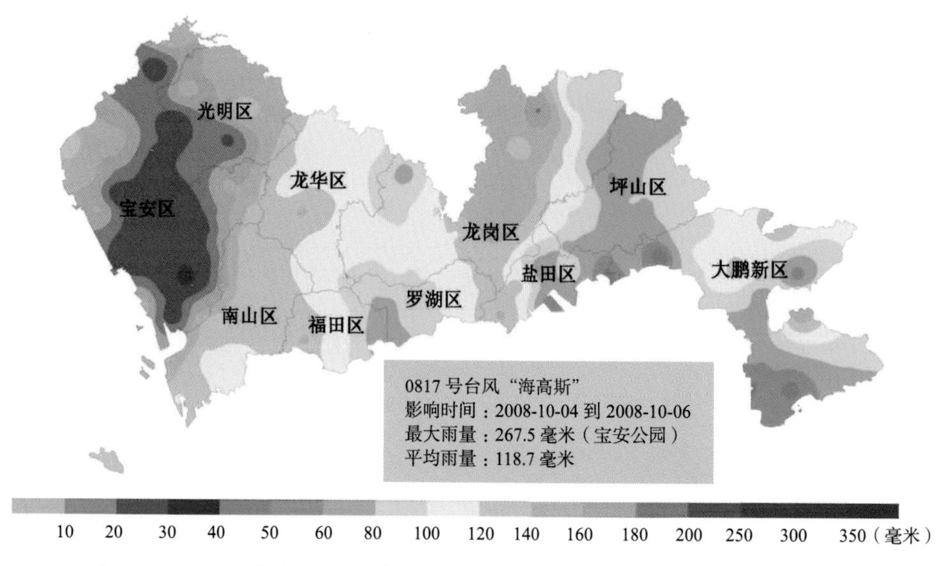

图 3-21　0817 号台风“海高斯”影响深圳期间过程累积雨量分布图

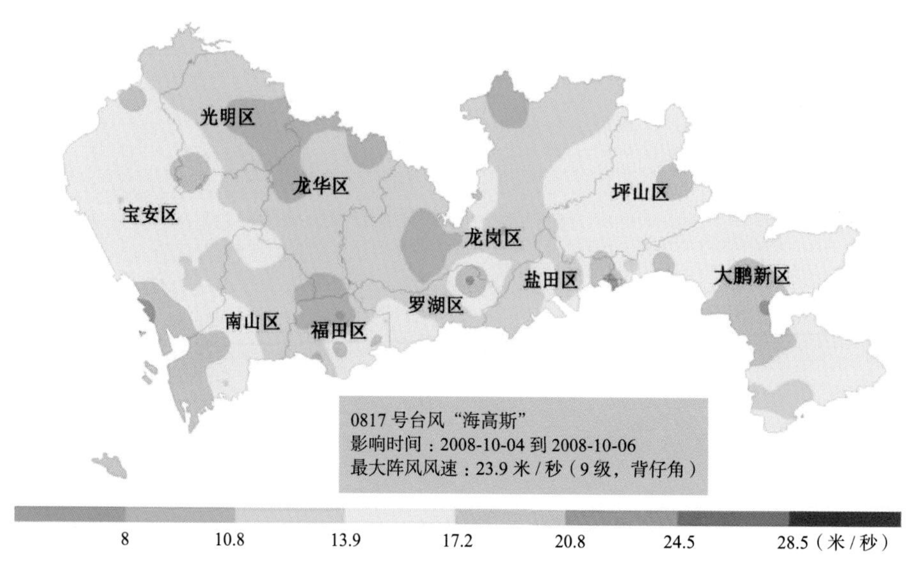

图 3-22　0817 号台风“海高斯”影响深圳期间最大阵风风速分布图

受台风“海高斯”影响，深圳出现雷暴天气。因当时并不处于航班进出港高峰时段，对深圳机场的影响并不明显，仅有十几个航班出现了约 20 分钟的等待，其他进出港航班比较正常。

3.1.7 “浪卡”（0904 号台风）

0904 号台风“浪卡”（Nangka，热带风暴级）来自太平洋，中心附近最大平均风速 23 米 / 秒，于 2009 年 6 月 26 日 22 时 50 分在广东惠州市惠东县平海镇登陆，登陆时中心附近最大风力 8 级。“浪卡”影响深圳的时间是 6 月 27—28 日，给深圳国家基本气象站带来过程雨量 21.2 毫米，最大日雨量 12.7 毫米，最大阵风风速 17.7 米 / 秒。

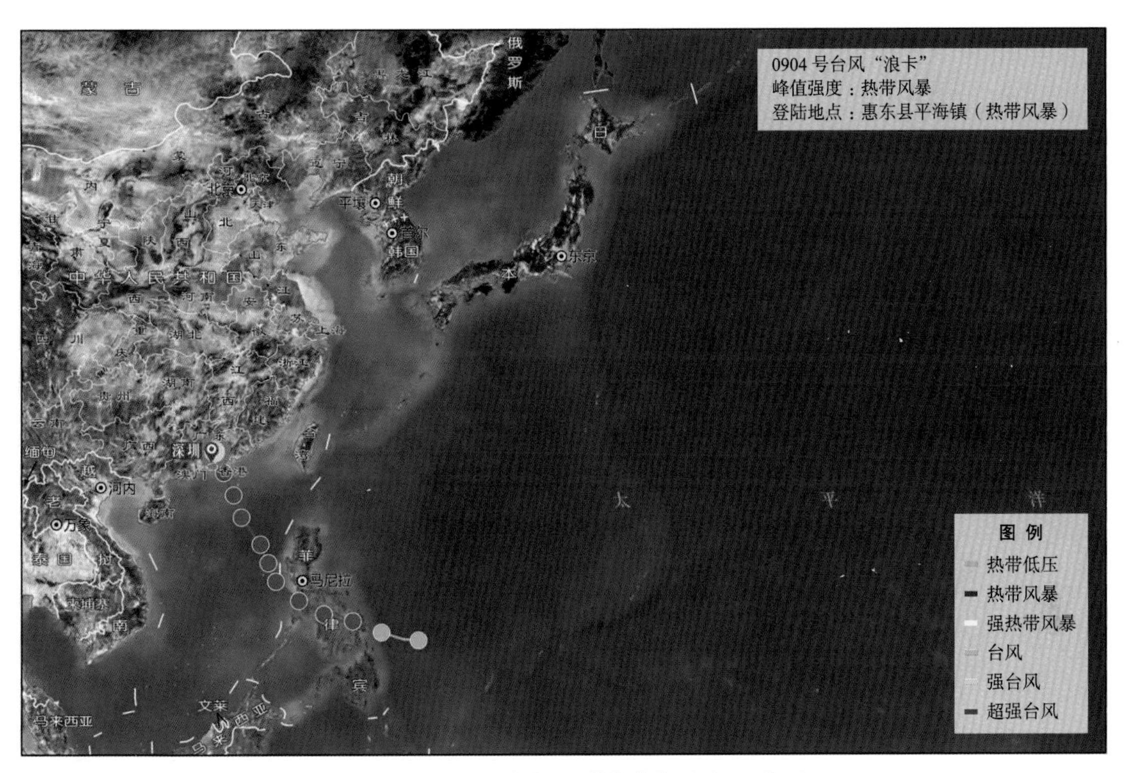

图 3-23 0904 号台风“浪卡”路径示意图

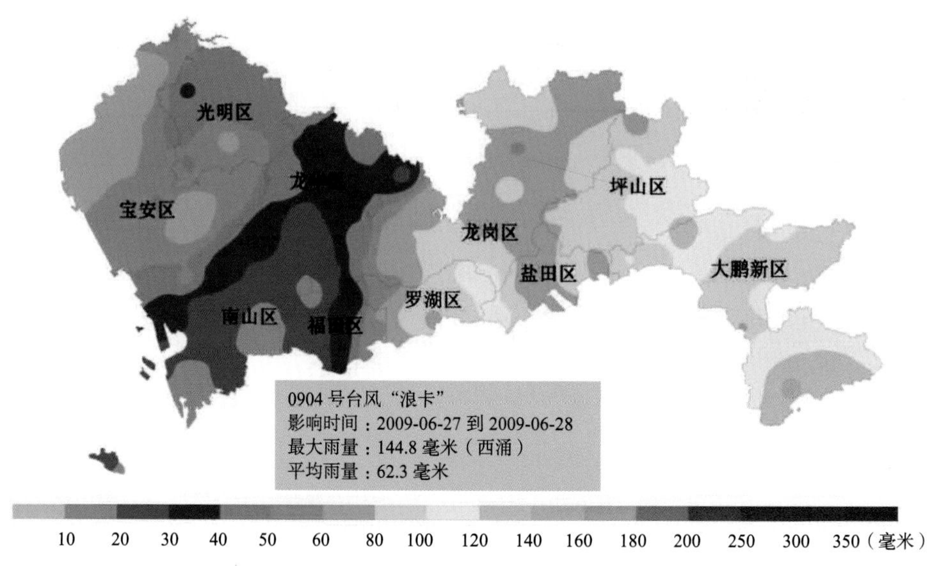

图 3-24　0904 号台风“浪卡”影响深圳期间过程累积雨量分布图

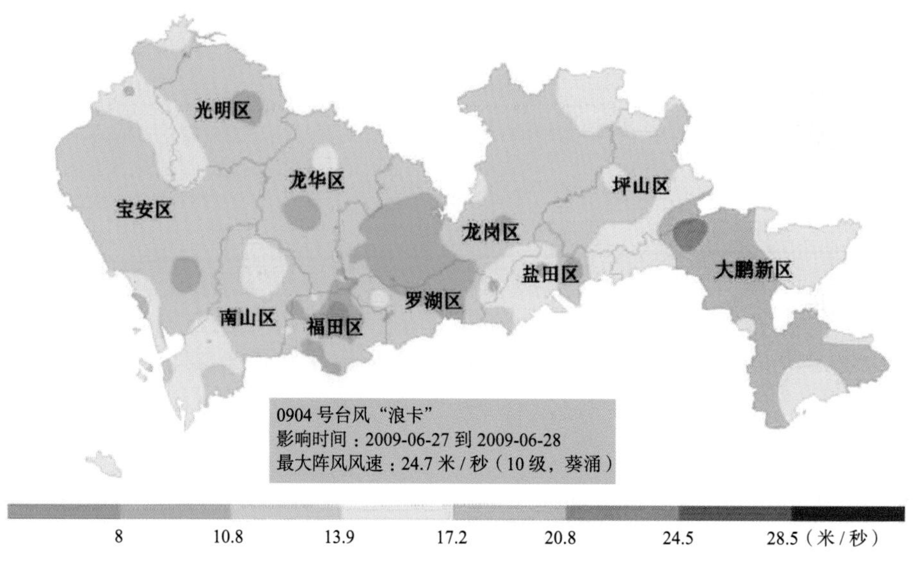

图 3-25　0904 号台风“浪卡”影响深圳期间最大阵风风速分布图

台风“浪卡”造成深圳机场至少有 20 余个航班出现延误。

3.1.8 “莫拉菲”（0906 号台风）

0906 号台风“莫拉菲”（Molave，台风级）来自太平洋，中心附近最大平均风速 38 米 / 秒，于 2009 年 7 月 19 日 00 时 50 分在深圳市南澳登陆，登陆时中心附近最大风力 13 级。“莫拉菲”影响深圳的时间是 7 月 18—20 日，给深圳国家基本气象站带来过程雨量 129.8 毫米，最大日雨量 115.5 毫米，最大阵风风速 24.3 米 / 秒。

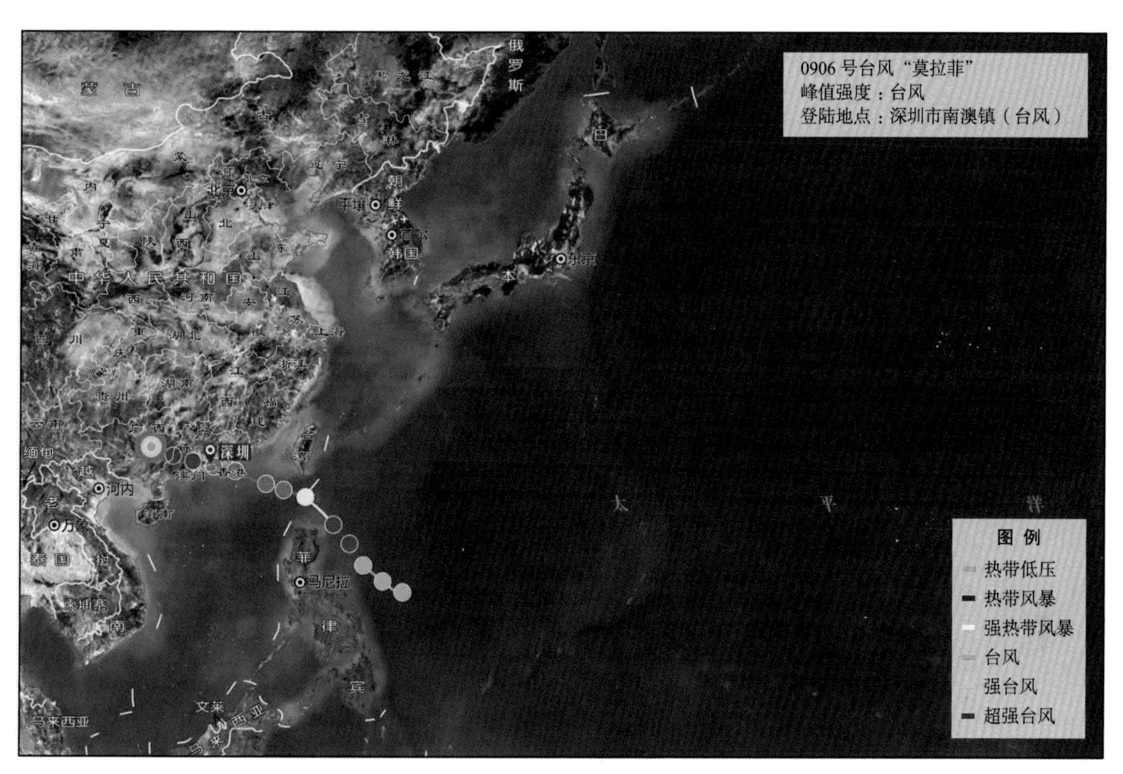

图 3-26 0906 号台风“莫拉菲”路径示意图

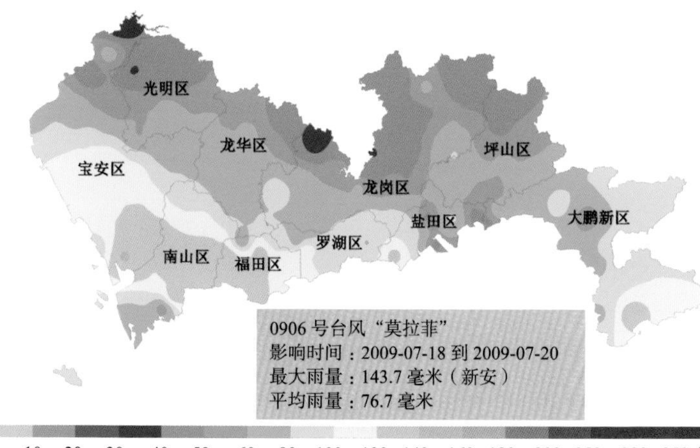

图 3-27 0906 号台风“莫拉菲”影响深圳期间过程累积雨量分布图

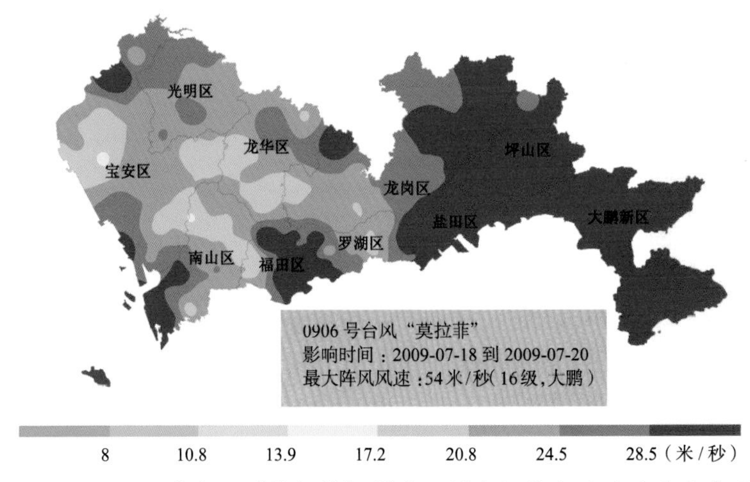

图 3-28　0906 号台风“莫拉菲”影响深圳期间最大阵风风速分布图

“莫拉菲”带来的强降水造成深圳全市多处积涝，19 日罗湖区部分路段有几十辆车陷在了水里，南山区西丽街道有 100 多辆公交车出行受阻。“莫拉菲”影响期间，全市 56 个航班取消，43 个航班延误，2175 艘出海船只全部回港避风，6000 多名渔排人员及海上作业人员全部上岸避险，全市出动抢险队伍 15000 人，转移内涝点、危险边坡、老屋村等危险地带的居民 34000 人，近 300 个避险中心全部开放。

图 3-29　0906 号台风“莫拉菲”将深圳一菜市场吹毁（左），被吹倒的广告牌碎玻璃洒满路面（右）
（图片来源：深圳新闻网）

3.1.9 “天鹅”（0907 号台风）

0907 号台风“天鹅”（Goni，强热带风暴级）来自太平洋，中心附近最大平均风速 28 米 / 秒，于 2009 年 8 月 5 日 06 时 20 分在广东台山市海宴镇沿海登陆，登陆时中心附近最大风力 10 级。“天鹅”影响深圳的时间是 8 月 4—6 日，给深圳国家基本气象站带来过程雨量 58.9 毫米，最大日雨量 32.3 毫米，最大阵风风速 12.6 米 / 秒。

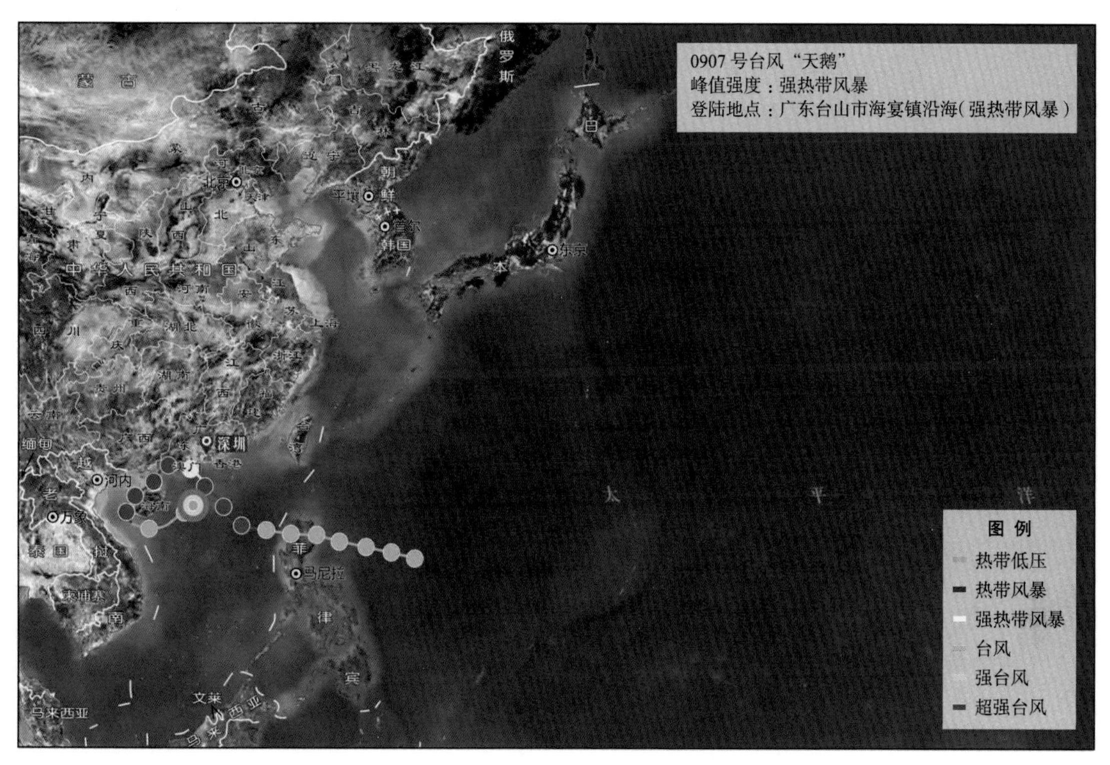

图 3-30 0907 号台风“天鹅”路径示意图

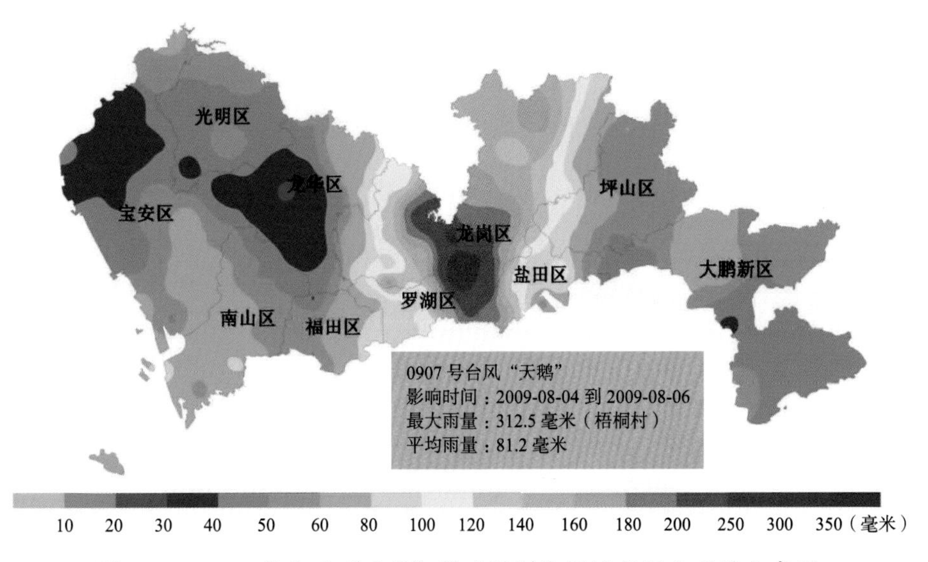

图 3-31　0907 号台风“天鹅”影响深圳期间过程累积雨量分布图

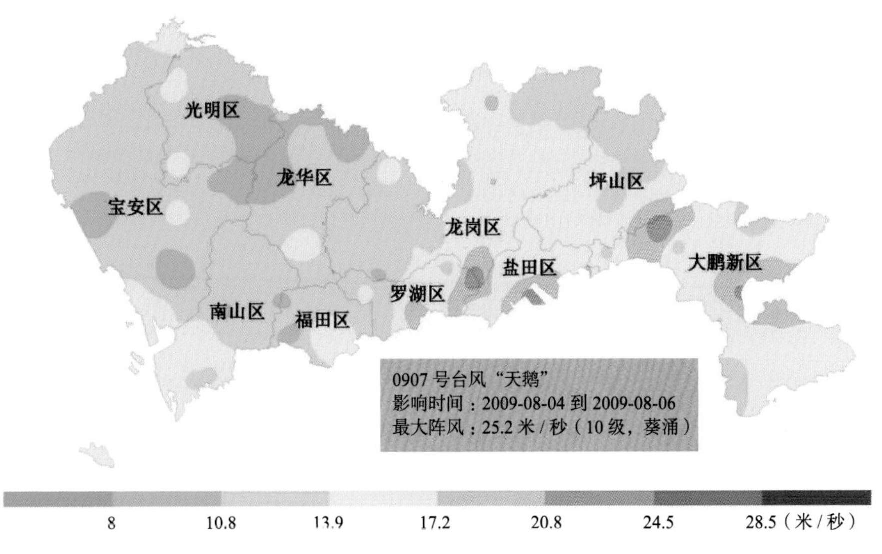

图 3-32　0907 号台风“天鹅”影响深圳期间最大阵风分布图

3.1.10 “巨爵”(0915号台风)

0915号台风“巨爵”（Koppu，台风级）来自太平洋，中心附近最大平均风速40米/秒，于2009年9月15日07时在广东台山市北陡镇登陆，登陆时中心附近最大风力12级。“巨爵”影响深圳的时间是9月14—16日，给深圳国家基本气象站带来过程雨量170毫米，最大日雨量127.9毫米，最大阵风风速22.2米/秒。

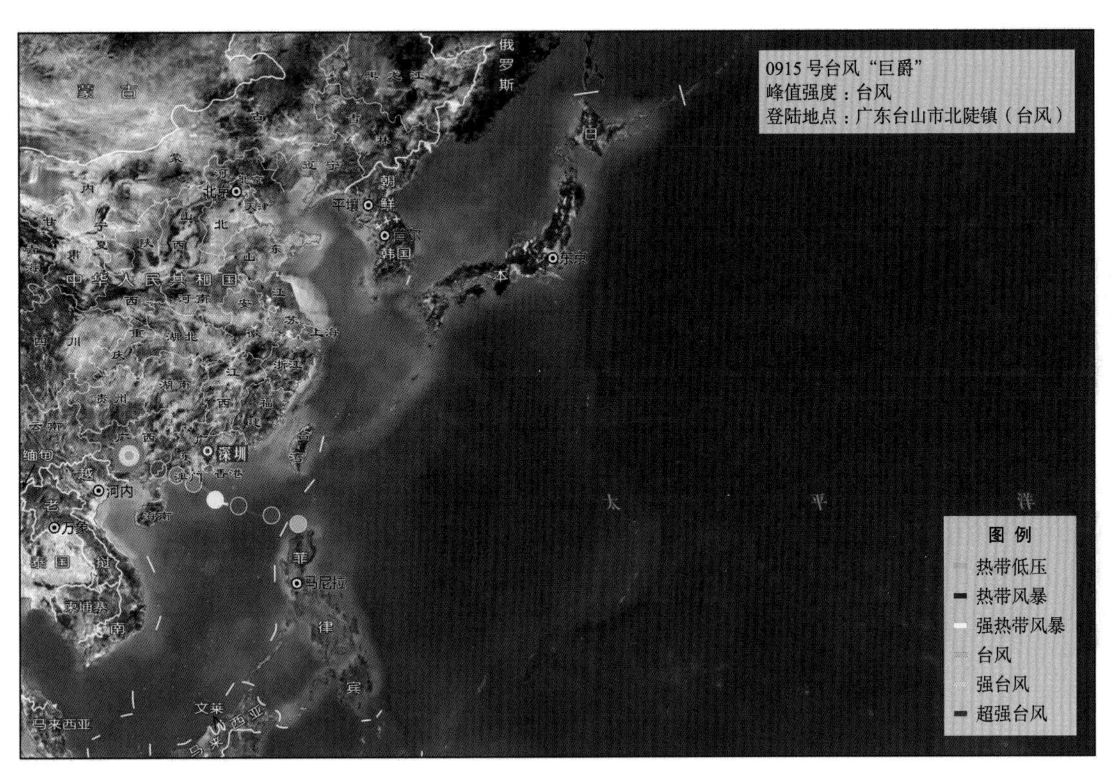

图3-33　0915号台风“巨爵”路径示意图

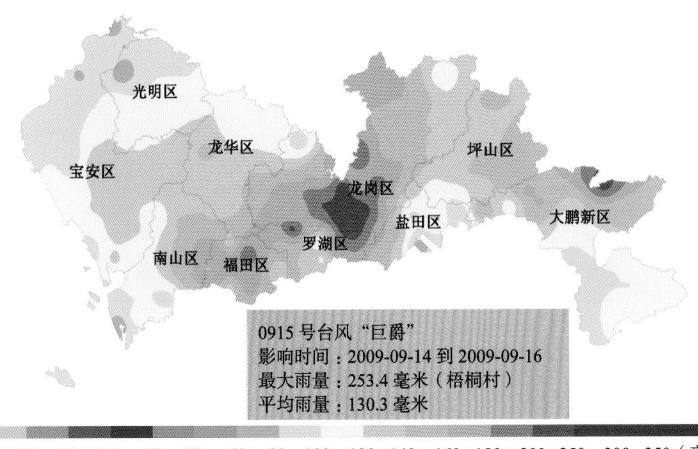

图3-34　0915号台风“巨爵”影响深圳期间过程累积雨量分布图

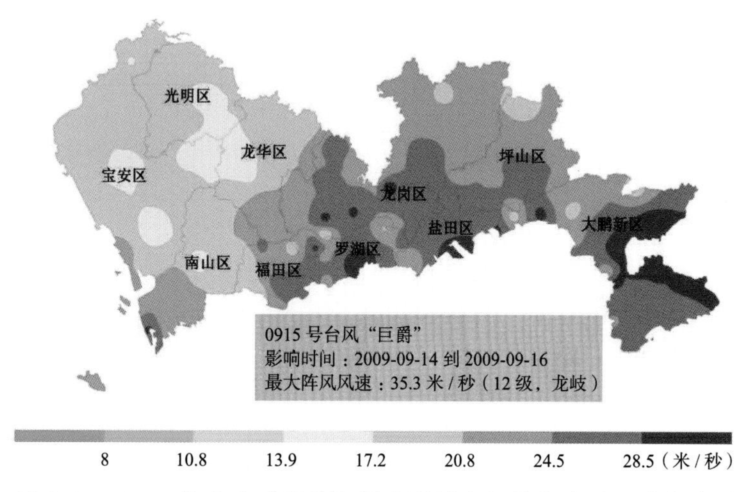

图 3-35 0915 号台风“巨爵”影响深圳期间最大阵风风速分布图

台风“巨爵”影响深圳期间，全市海域 1976 艘船只回港、海上作业人员 3641 人上岸避风，海滨浴场全部关闭；150 个航班延误、120 个进出港航班取消，41 个进港航班备降周边机场，近万名旅客滞留。

图 3-36 0915 号台风“巨爵”影响期间，深南大道某段因暴雨地陷（左），罗湖一公交车站候车亭被风刮倒（右）
（图片来源：《南方都市报》）

3.1.11 “灿都”（1003号台风）

1003号台风“灿都”（Chanthu，台风级）来自南海，中心附近最大平均风速35米/秒，于2010年7月22日13时45分在广东湛江吴川市吴阳镇登陆,登陆时中心附近最大风力12级。“灿都”影响深圳的时间是7月21—24日，给深圳国家基本气象站带来过程雨量66.7毫米，最大日雨量31.3毫米，最大阵风风速12米/秒。

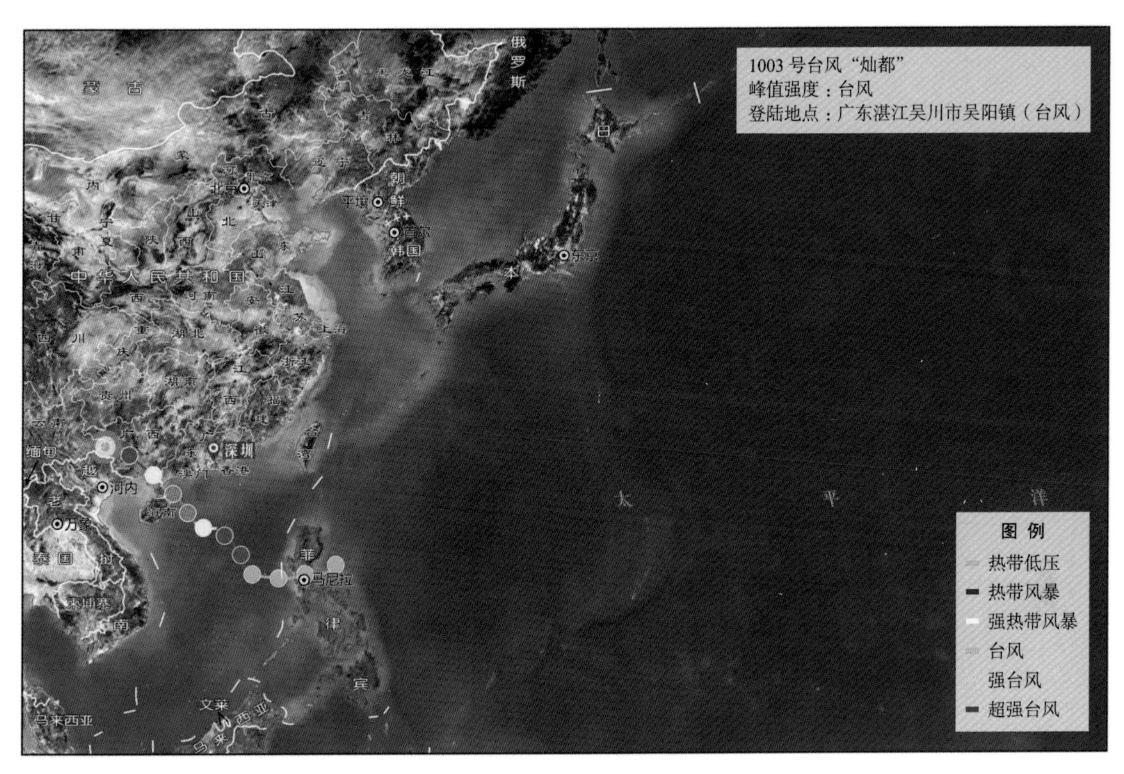

图3-37 1003号台风“灿都”路径示意图

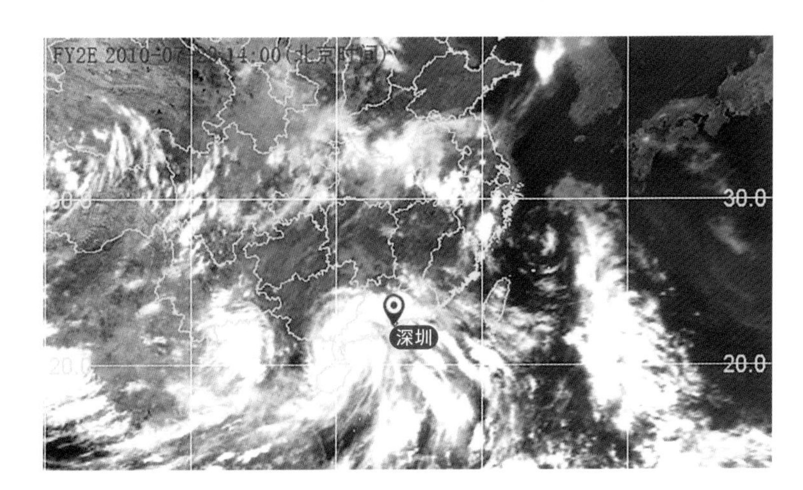

图3-38 1003号台风“灿都”云图

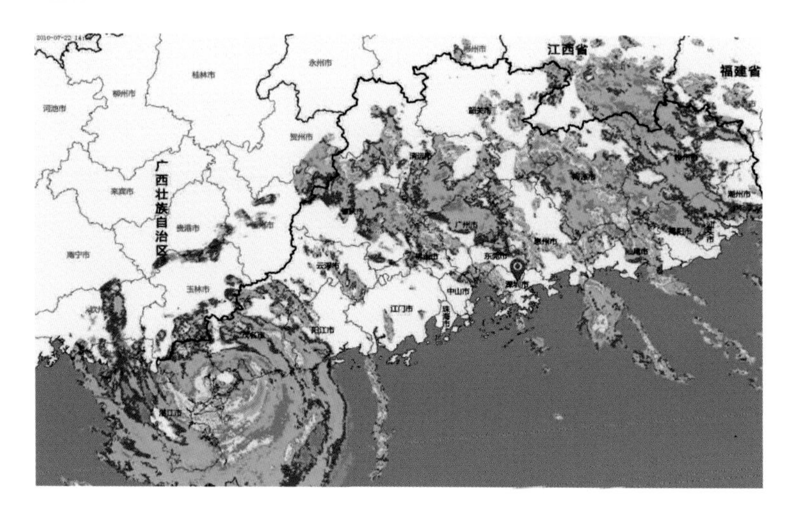

图 3-39　1003 号台风“灿都”雷达图

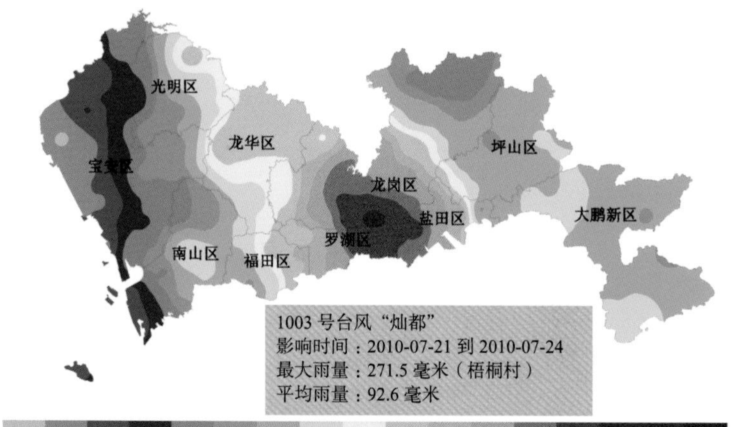

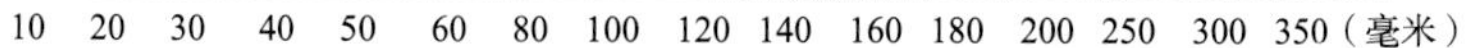

图 3-40　1003 号台风“灿都”影响深圳期间过程累积雨量分布图

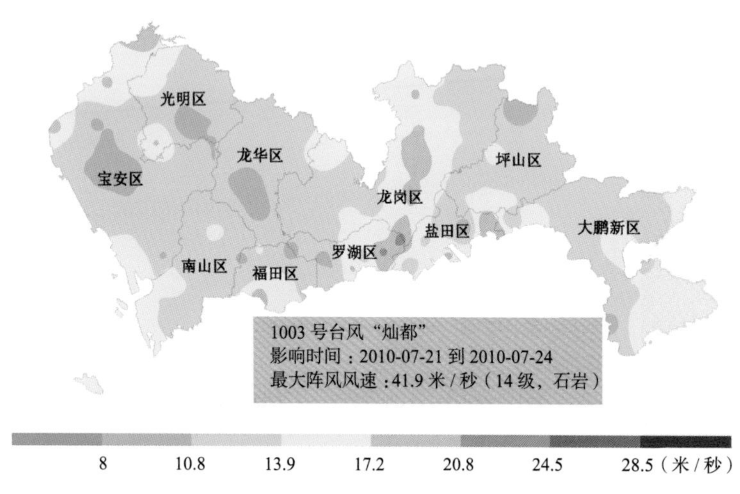

图 3-41　1003 号台风“灿都”影响深圳期间最大阵风风速分布图

台风“灿都”造成深圳龙岗南湾街道沙坪南路一商店库房围墙倒塌，2 人被埋，其中 1 人死亡。全市回港避风船只 1264 艘，上岸避风人员 2887 人，转移危险地带人员 800 余人，近 300 个避险中心开放；蛇口客运码头 22 日有 11 班往来澳门客轮停航。

3.1.12 “狮子山”（1006号台风）

1006号台风“狮子山”（Lionrock，强热带风暴级）来自南海，中心附近最大平均风速28米/秒，于2010年9月2日06时50分在福建漳浦县登陆，登陆时中心附近最大风力9级。“狮子山”影响深圳的时间是9月2—4日，给深圳国家基本气象站带来过程雨量106.8毫米，最大日雨量77.0毫米，最大阵风风速15.2米/秒。

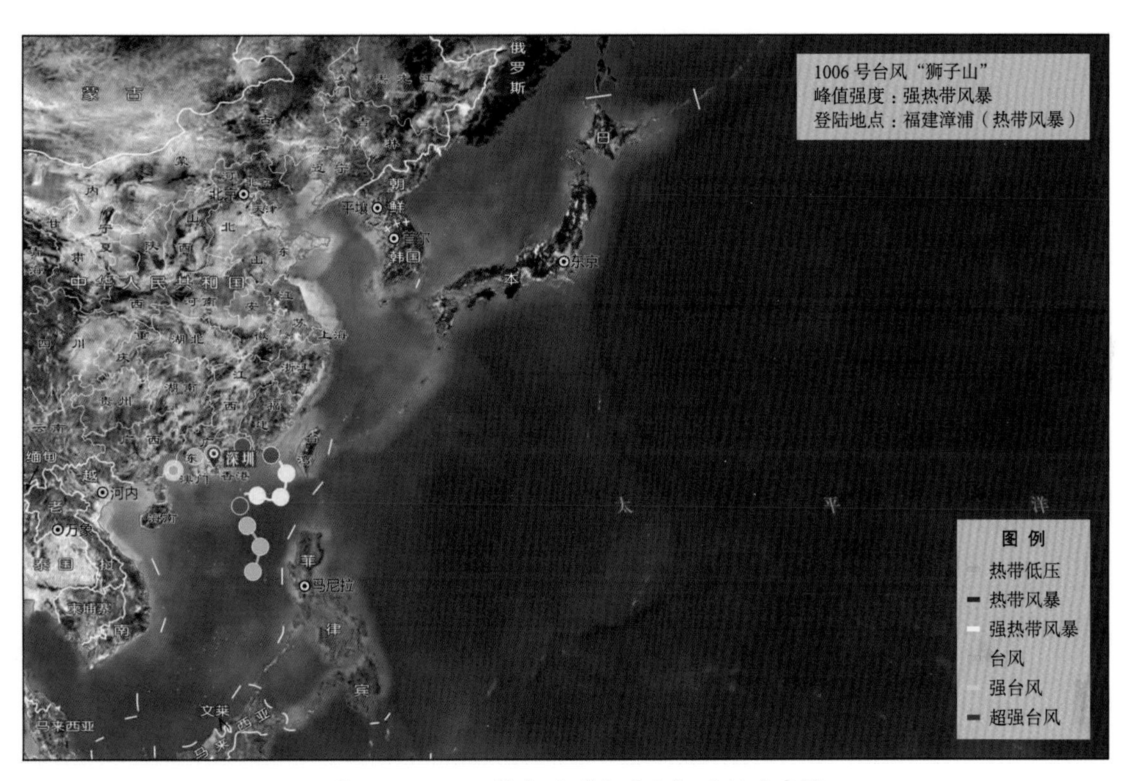

图3-42 1006号台风“狮子山”路径示意图

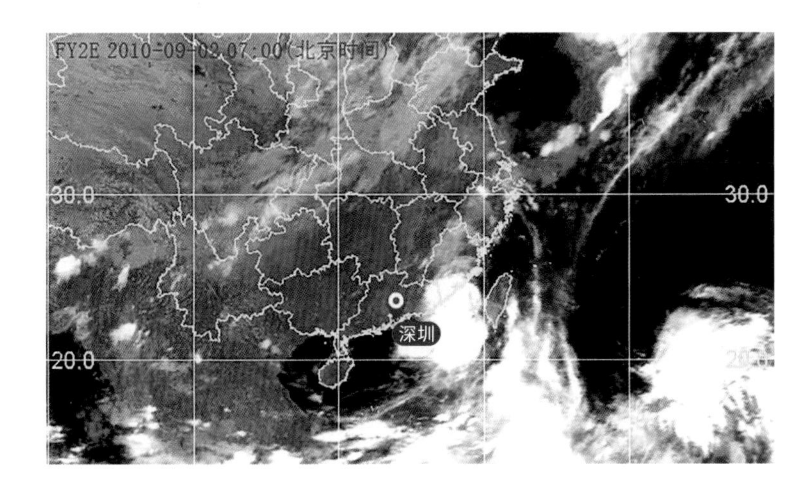

图3-43 1006号台风“狮子山”云图

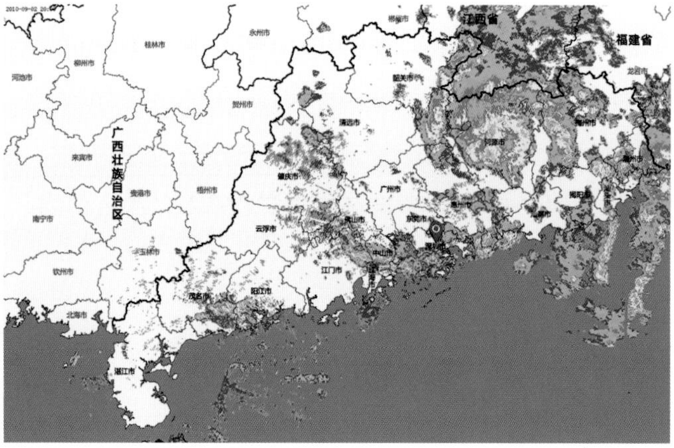

图 3-44　1006 号台风“狮子山”雷达图

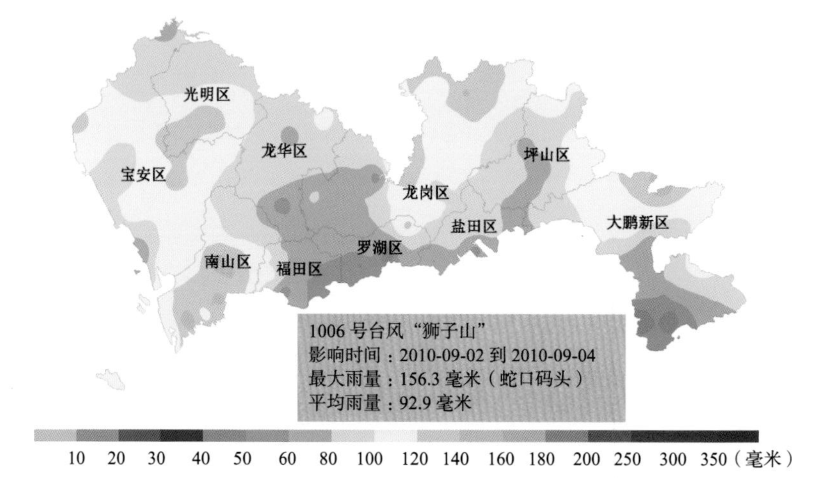

图 3-45　1006 号台风“狮子山”影响深圳期间过程累积雨量分布图

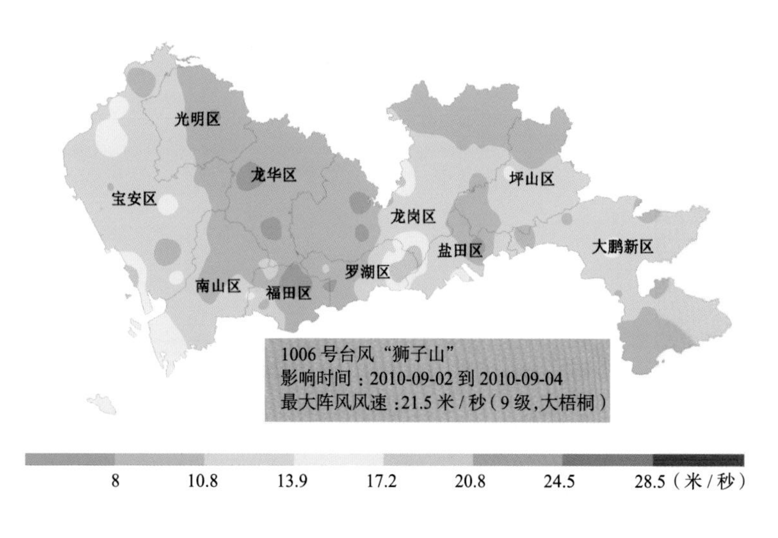

图 3-46　1006 号台风“狮子山”影响深圳期间最大阵风风速分布图

3.1.13 “莫兰蒂”（1010号台风）

1010号台风“莫兰蒂”（Meranti，台风级）来自太平洋，中心附近最大平均风速35米/秒，于2010年9月10日03时30分在福建石狮市登陆，登陆时中心附近最大风力12级。“莫兰蒂”影响深圳的时间是9月9—13日，给深圳国家基本气象站带来过程雨量163.1毫米，最大日雨量62.4毫米，最大阵风风速15米/秒。

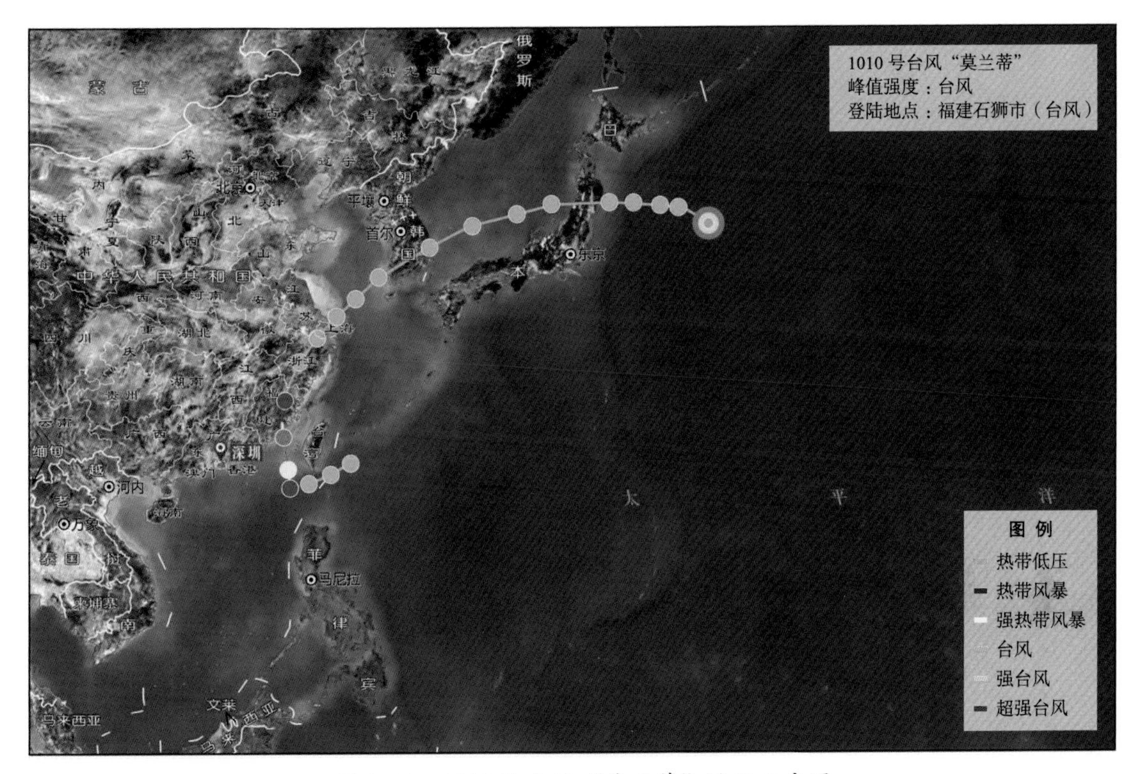

图3-47　1010号台风“莫兰蒂”路径示意图

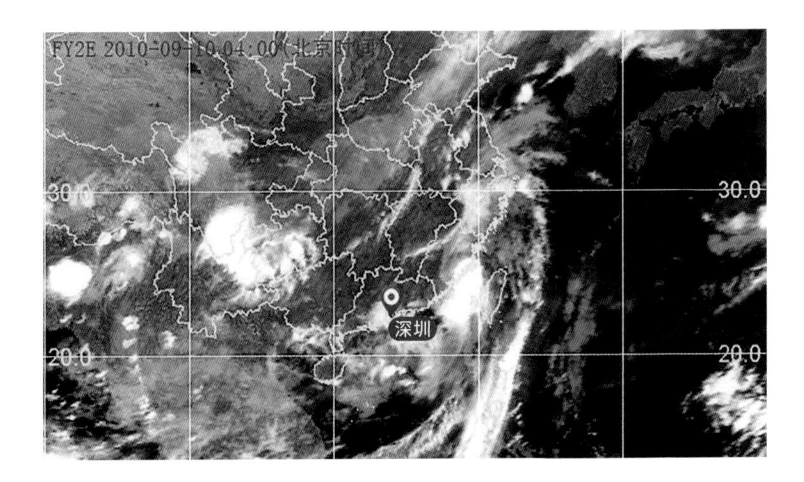

图3-48　1010号台风“莫兰蒂”云图

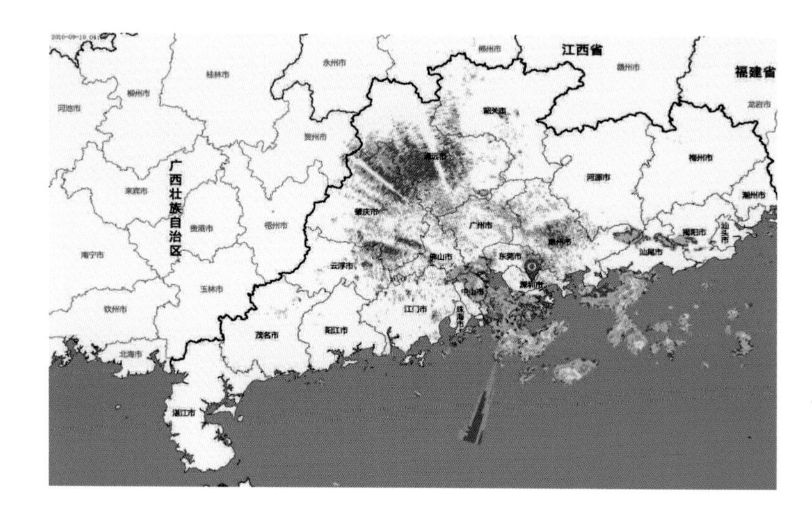

图 3-49　1010 号台风“莫兰蒂”雷达图

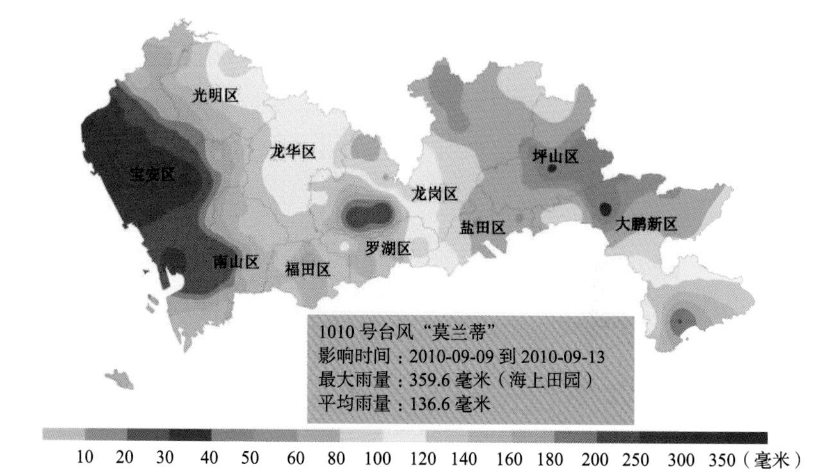

图 3-50　1010 号台风“莫兰蒂”影响深圳期间过程累积雨量分布图

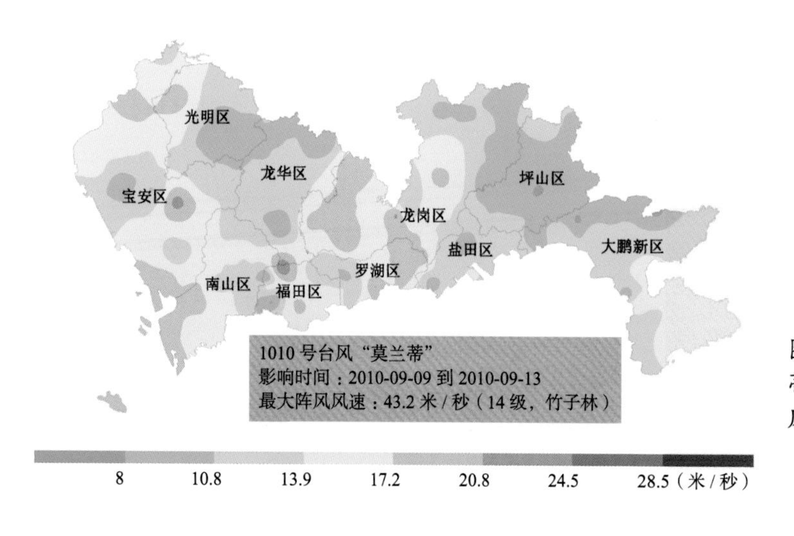

图 3-51　1010 号台风“莫兰蒂”影响深圳期间最大阵风风速分布图

3.1.14　“凡亚比”（1011 号台风）

1011 号台风“凡亚比”（Fanapi,超强台风级）来自太平洋,中心附近最大平均风速 52 米 / 秒，分别于 2010 年 9 月 19 日 08 时 40 分和 20 日 07 时在台湾花莲和福建漳浦县登陆，登陆时中心附近最大风力分别为 14 级和 12 级。“凡亚比”影响深圳的时间是 9 月 20—23 日，给深圳国家基本气象站带来过程雨量 103.9 毫米，最大日雨量 51.9 毫米，最大阵风风速 15 米 / 秒。

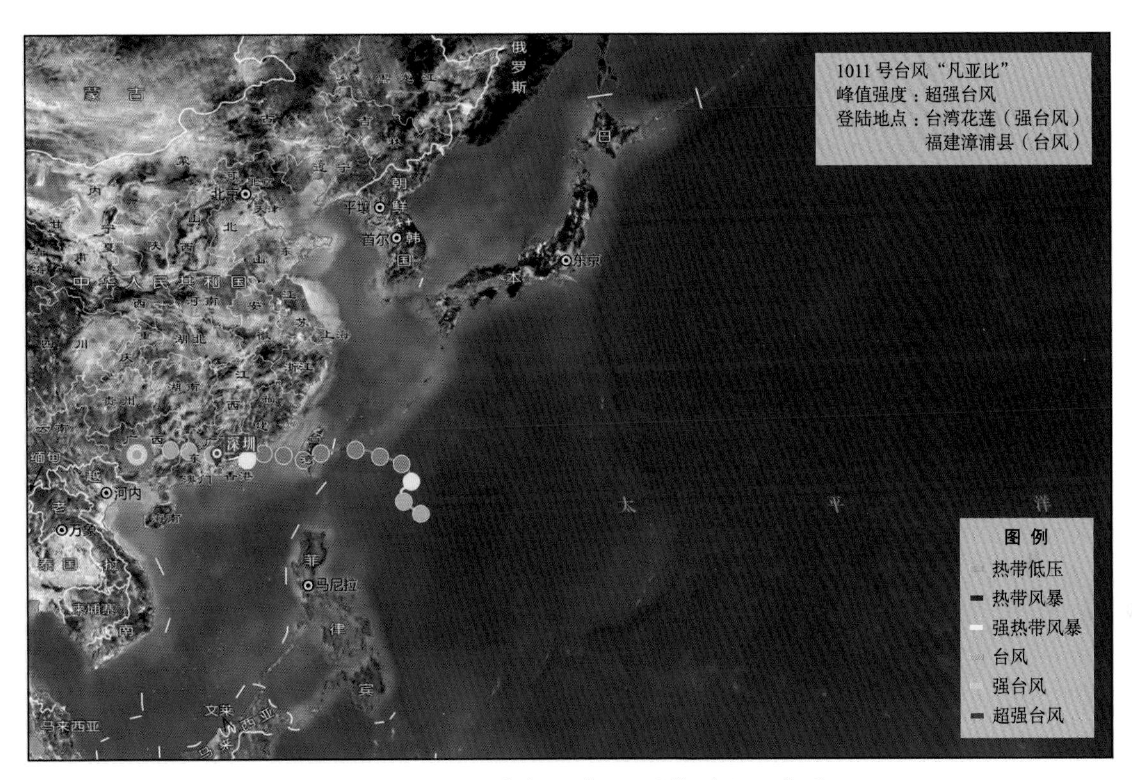

图 3-52　1011 号台风“凡亚比”路径示意图

图 3-53　1011 号台风“凡亚比”云图

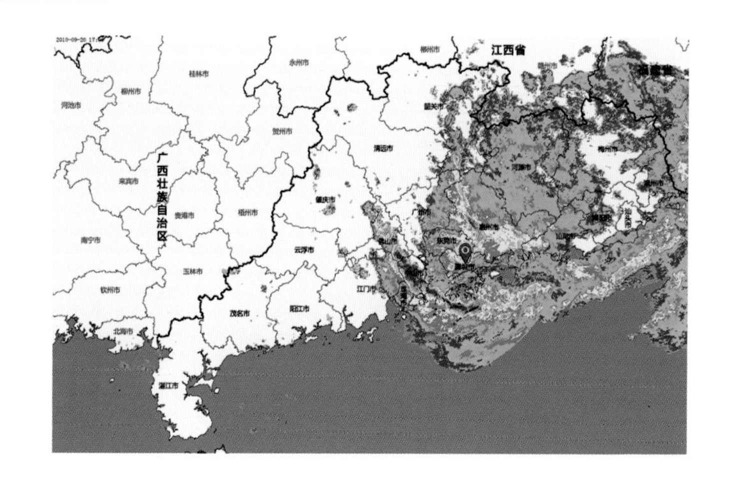

图 3-54　1011 号台风“凡亚比”雷达图

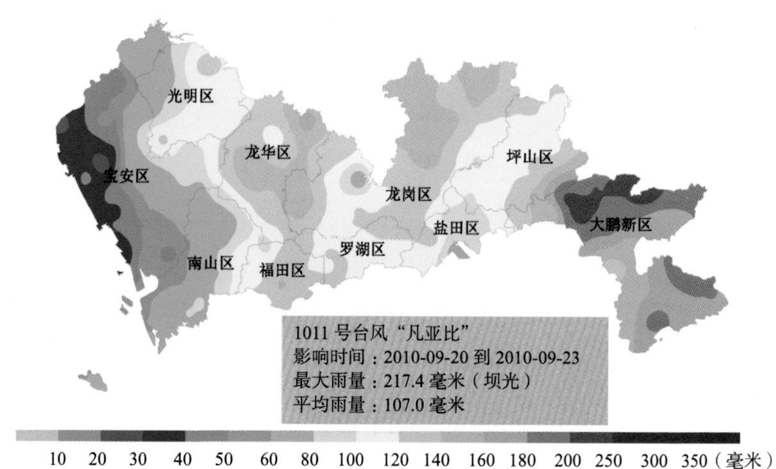

图 3-55　1011 号台风“凡亚比”影响深圳期间过程累积雨量分布图

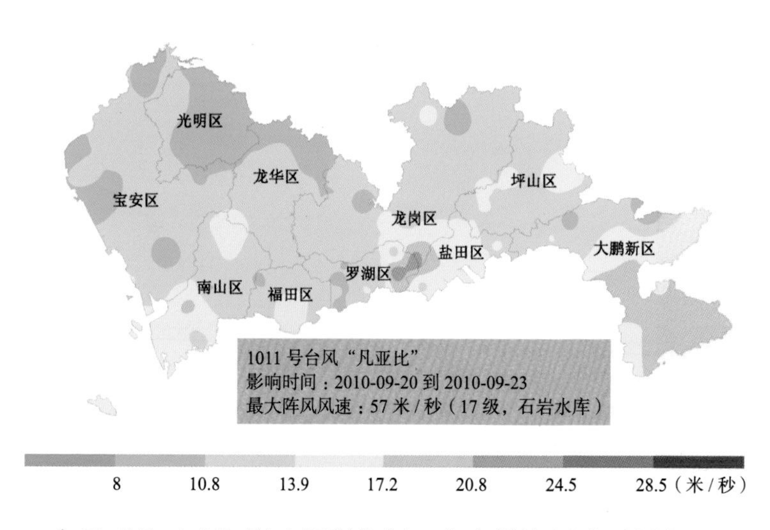

图 3-56　1011 号台风“凡亚比”影响深圳期间最大阵风风速分布图

台风“凡亚比”影响深圳期间，全市沿海回港避风船只 1385 艘，上岸避风人员 4826 人，转移安置危险地带人员 1000 余人；龙岗区布吉街道有一高约 8 米的挡土墙坍塌；宝安区长流陂水库超防限水位采取安全泄洪。

3.1.15 “海马”（1104 号台风）

1104 号台风“海马”（Haima，热带风暴级）来自太平洋，中心附近最大平均风速 20 米 / 秒，分别于 2011 年 6 月 23 日 10 时 10 分和 16 时 50 分在广东茂名市电白县与阳江市阳西县交界和湛江市吴川沿海登陆，登陆时中心附近最大风力均为 8 级。“海马”影响深圳的时间是 6 月 21—24 日，给深圳国家基本气象站带来过程雨量 51.1 毫米，最大日雨量 41.7 毫米，最大阵风风速 13.7 米 / 秒。

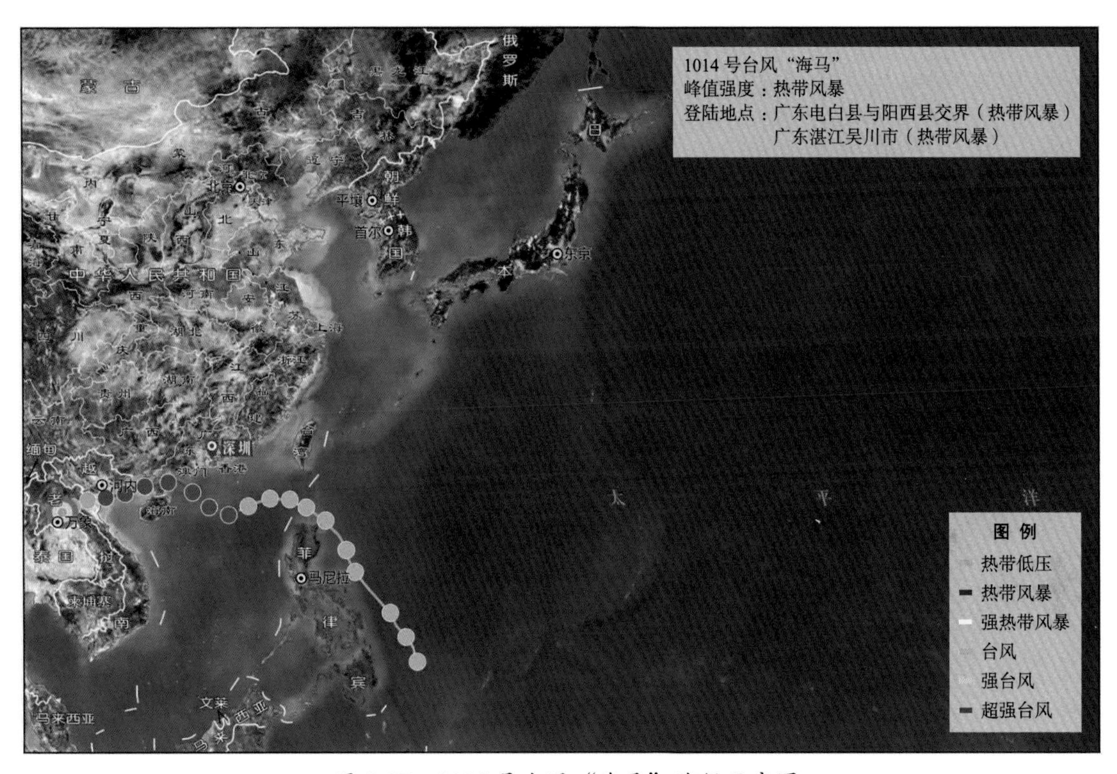

图 3-57　1014 号台风“海马”路径示意图

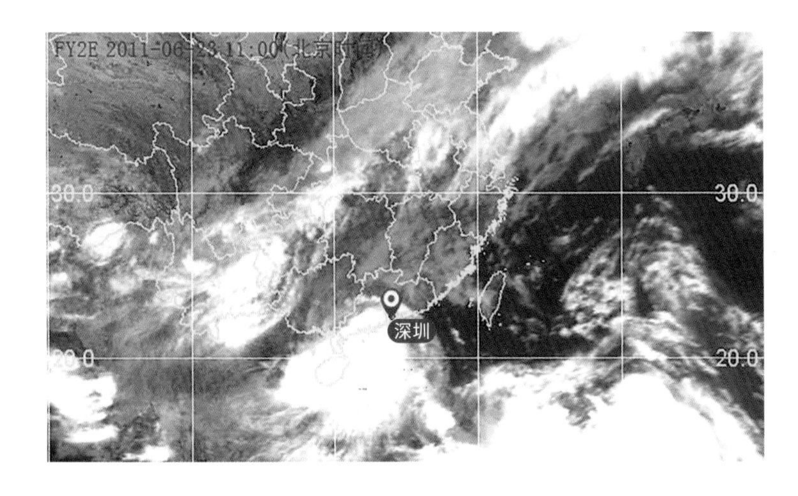

图 3-58　1014 号台风“海马”云图

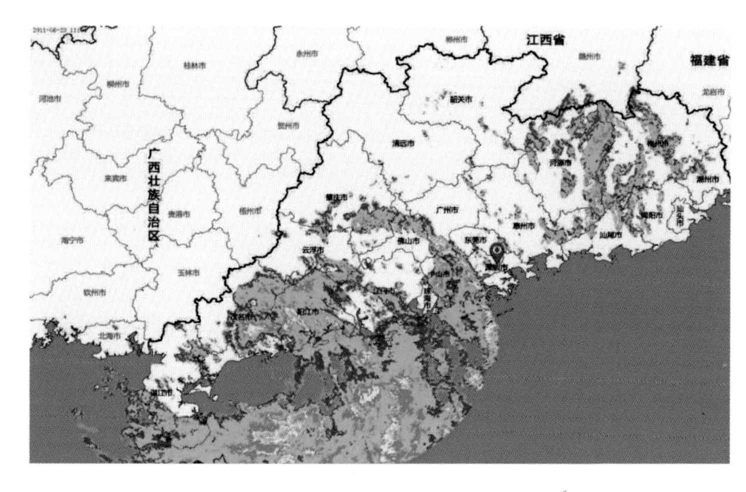

图 3-59 1014 号台风“海马”雷达图

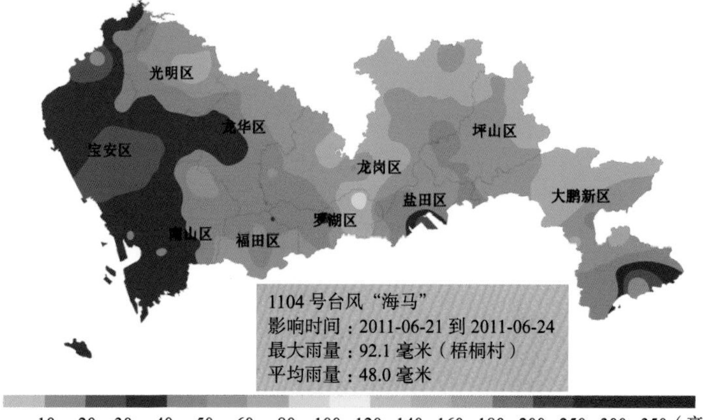

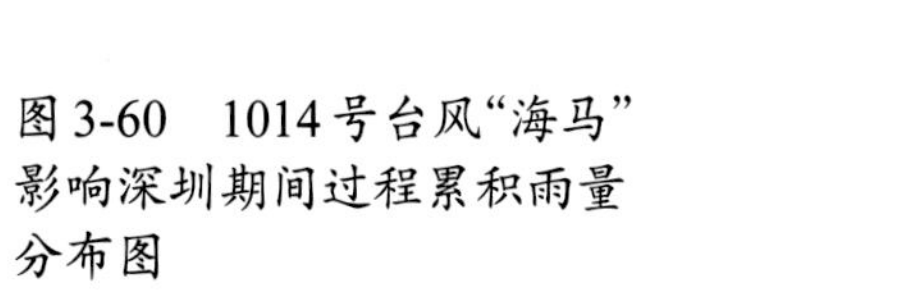
图 3-60 1014 号台风“海马”影响深圳期间过程累积雨量分布图

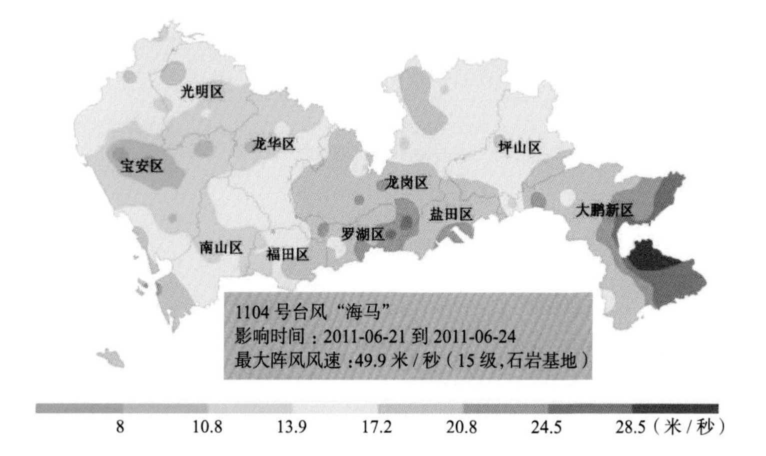

图 3-61 1014 号台风“海马”影响深圳期间最大阵风风速分布图

台风“海马”影响期间，深圳南山、龙岗、盐田等区域部分路段积水，其中南头进关积水最深达 40 厘米；深惠公路龙珠花园路段因雨天路滑有小车翻车，部分区域树木被大风刮倒或刮断；全市有超过 152 个航班因天气原因延误，蛇口口岸往返澳门的船班全部停航，1635 艘船只回港或就近避风，3842 名海上作业人员上岸避风。

3.1.16 “纳沙”（1117号台风）

1117号台风“纳沙”（Nesat，强台风级）来自太平洋，中心附近最大平均风速45米/秒，分别于2011年9月29日14时30分和21时15分在海南省文昌市翁田镇和广东省徐闻县角尾乡登陆，登陆时中心附近最大风力分别为14级和12级。“纳沙”影响深圳的时间是9月29—30日，给深圳国家基本气象站带来过程雨量54.4毫米，最大日雨量53.0毫米，最大阵风风速19.8米/秒。

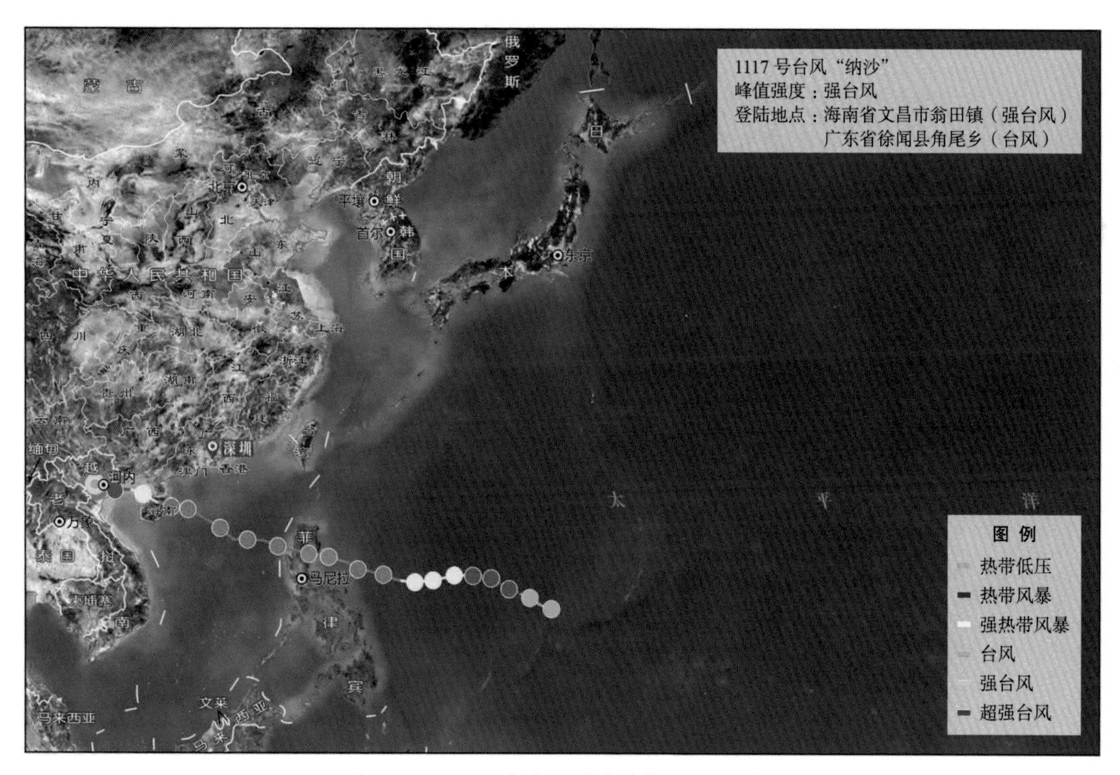

图3-62　1117号台风“纳沙”路径示意图

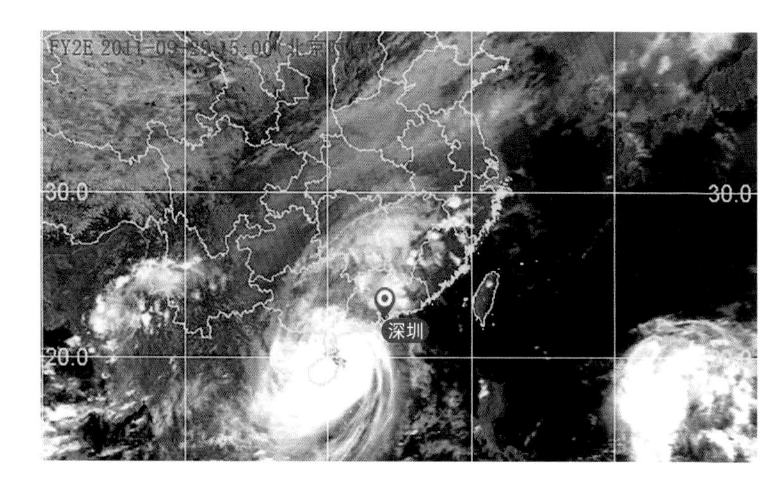

图3-63　1117号台风“纳沙”云图

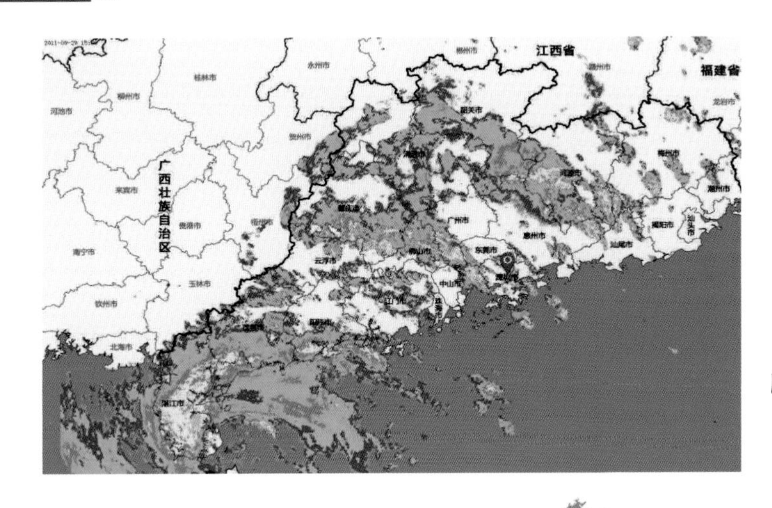

图 3-64　1017 号台风“纳沙”雷达图

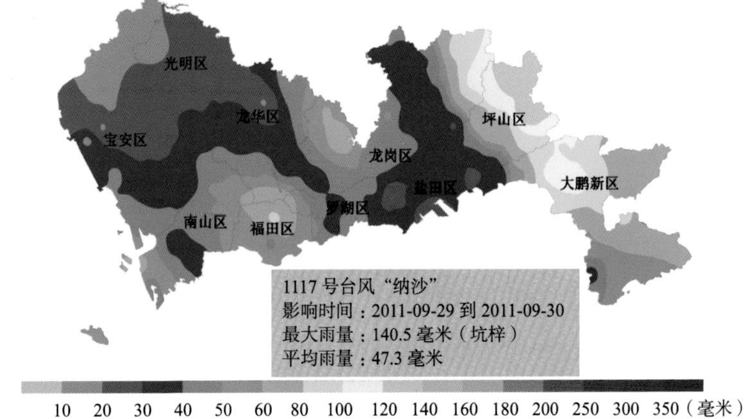

图 3-65　1017 号台风“纳沙”影响深圳期间过程累积雨量分布图

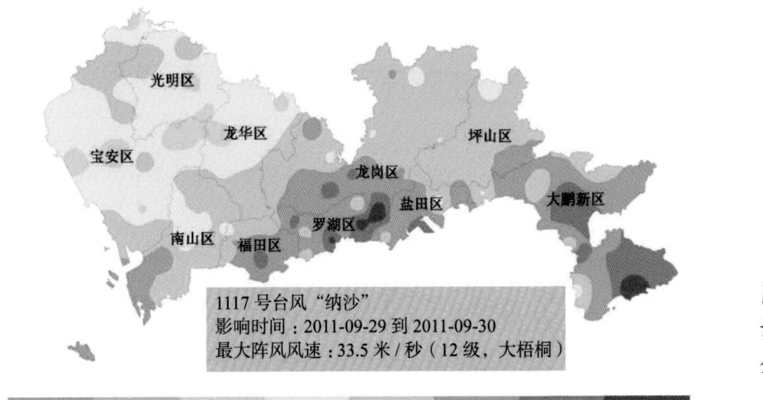

图 3-66　1017 号台风“纳沙”影响深圳期间最大阵风风速分布图

台风“纳沙”影响深圳期间，部分路段受大风影响出现树木折断、广告牌吹掉等灾情；深圳机场共取消航班 25 个，80 多个航班延误。29 日蛇口客运码头所有班次均停航；深圳机场及福永码头 50 余班次国际、国内航（船）班受影响；深圳湾大桥实施了临时封闭措施；267 艘船舶靠岸避风；大梅沙海滨公园闭园。“纳沙”带来的降水使深圳市主要供水水库增加蓄水约 500 万立方米。

3.1.17 “杜苏芮”（1206 号台风）

1206 号台风“杜苏芮”（Doksuri，热带风暴级）来自太平洋，中心附近最大平均风速 23 米 / 秒，于 2012 年 6 月 30 日 02 时 30 分在广东珠海市南水镇登陆，登陆时中心附近最大风力 9 级。“杜苏芮”影响深圳的时间是 6 月 30 日，给深圳国家基本气象站带来过程雨量 33.6 毫米，最大日雨量 33.6 毫米，最大阵风风速 16.8 米 / 秒。

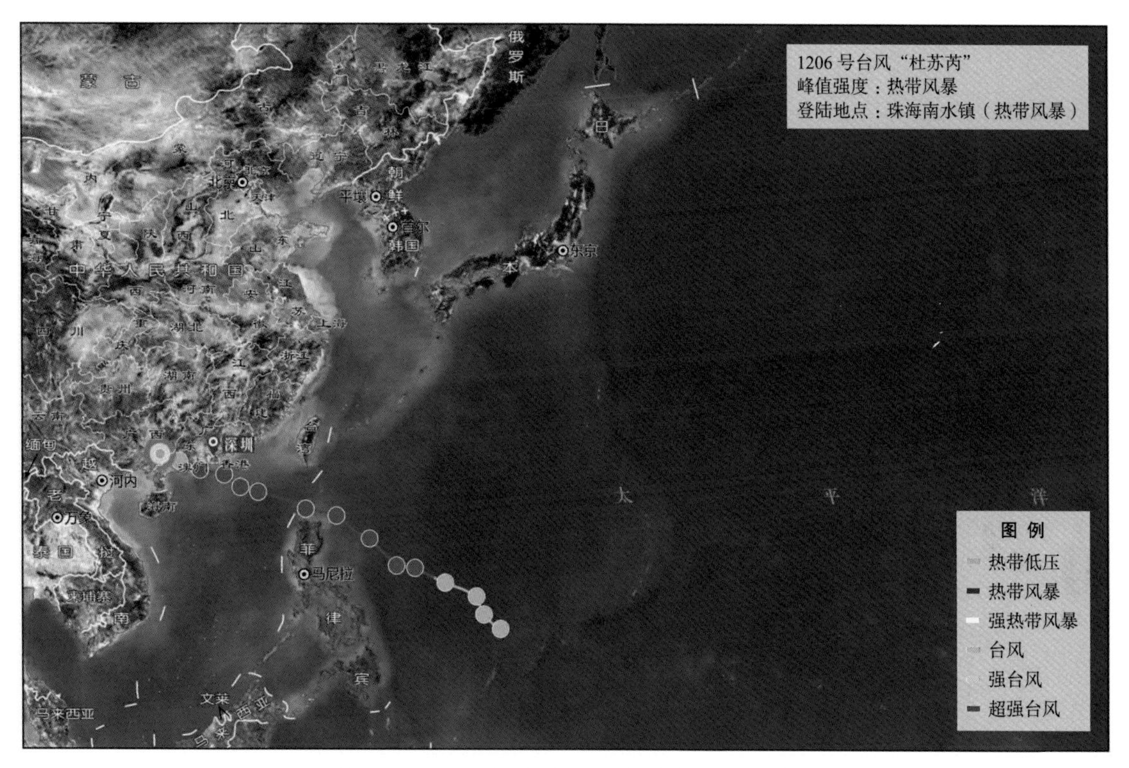

图 3-67 1206 号台风“杜苏芮”路径示意图

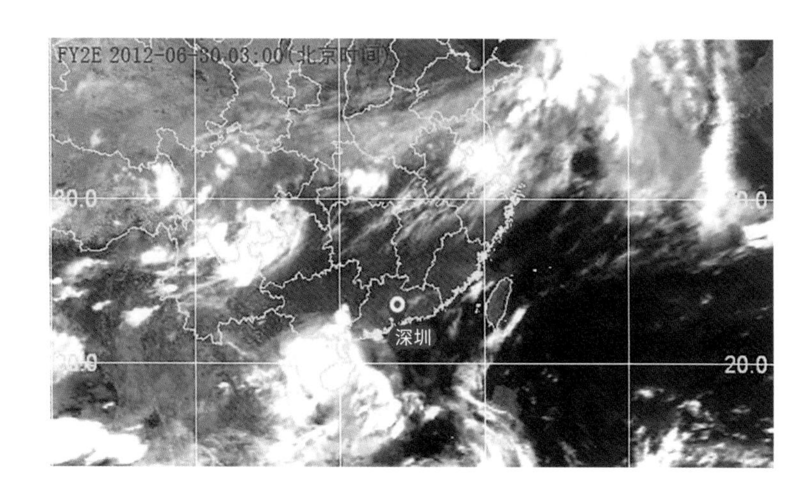

图 3-68 1206 号台风“杜苏芮”云图

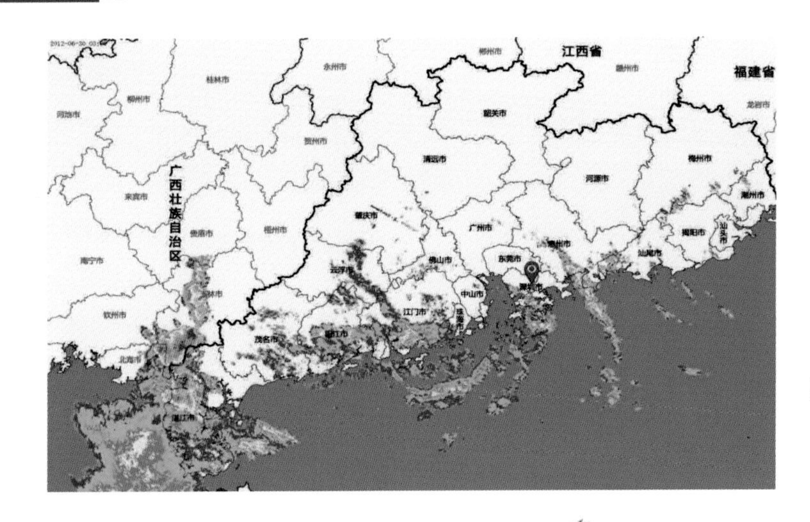

图 3-69　1206 号台风“杜苏芮”雷达图

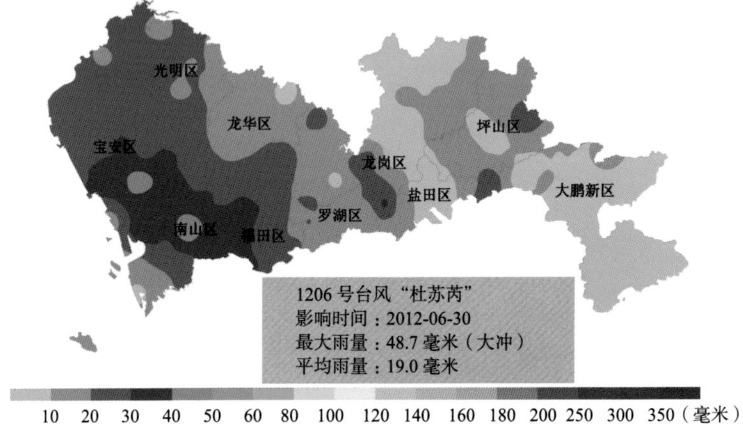

图 3-70　1206 号台风“杜苏芮”影响深圳期间过程累积雨量分布图

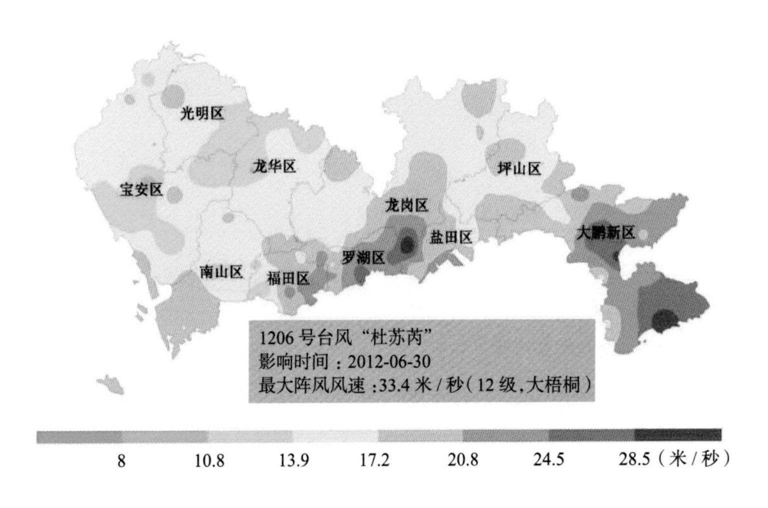

图 3-71　1206 号台风“杜苏芮”影响深圳期间最大阵风风速分布图

台风“杜苏芮”对深圳进出港航班造成一定影响，此外还造成深圳海事部门组织约 1600 艘次船舶安全回港避风，近 3000 名石油平台和海上渔业作业人员安全撤离。

3.1.18 “韦森特”（1208 号台风）

1208 号台风“韦森特”（Vicente，强台风级）来自太平洋，中心附近最大平均风速 45 米 / 秒，于 2012 年 7 月 24 日 04 时 15 分在广东江门市台山赤溪镇登陆，登陆时中心附近最大风力 14 级。“韦森特”影响深圳的时间是 7 月 22—27 日，给深圳国家基本气象站带来过程雨量 366.9 毫米，最大日雨量 152.3 毫米，最大阵风风速 23.9 米 / 秒。

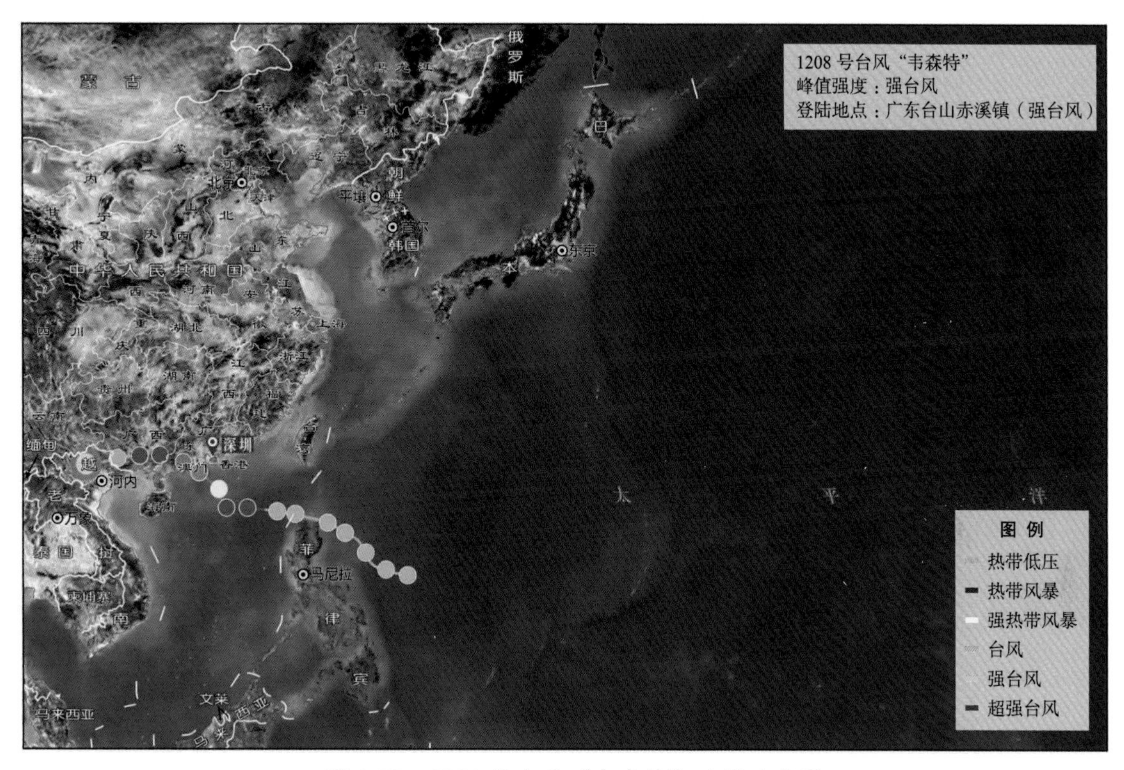

图 3-72　1208 号台风“韦森特”路径示意图

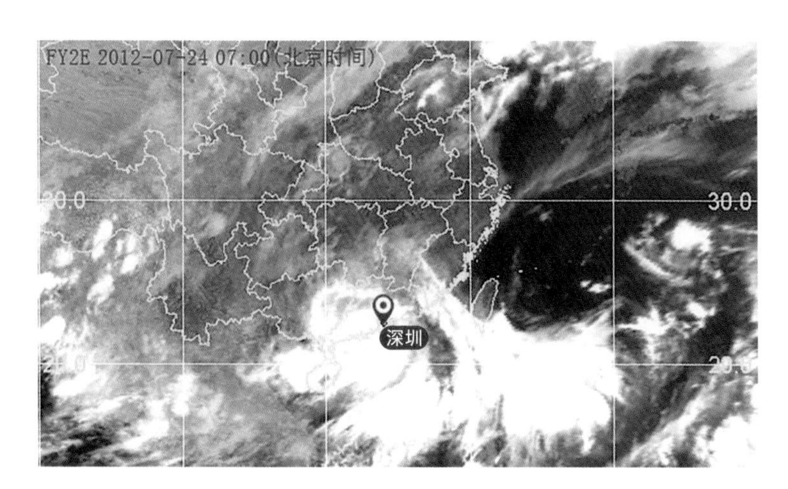

图 3-73　1208 号台风“韦森特”云图

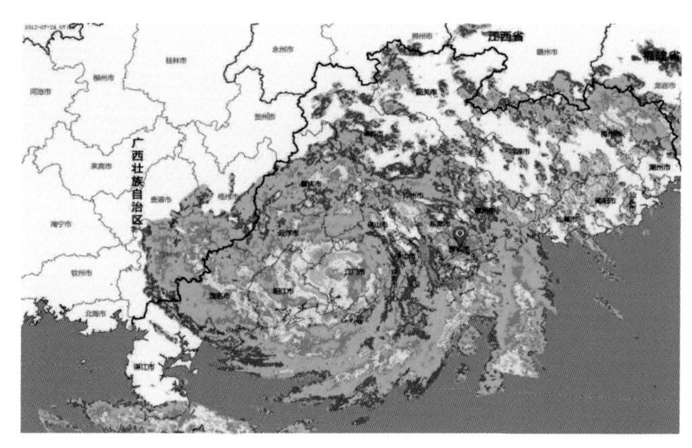

图 3-74　1208 号台风“韦森特”雷达图

图 3-75　1208 号台风“韦森特”影响深圳期间过程累积雨量分布图

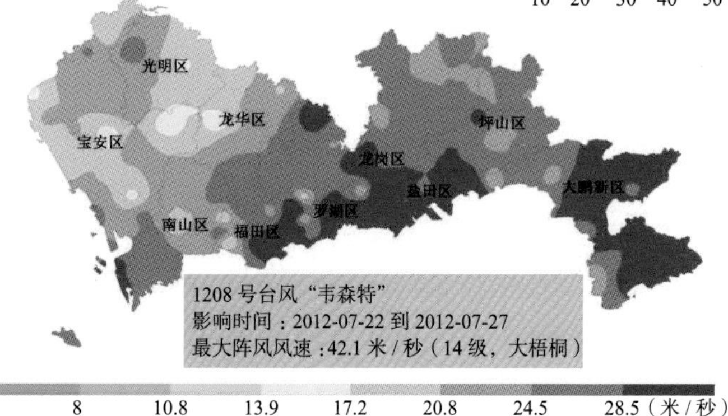

图 3-76　1208 号台风“韦森特”影响深圳期间最大阵风风速分布图

台风“韦森特”带来的强降水和大风共造成深圳市 7 人受轻伤，道路积水 60 余处，受水浸工厂、商店、民房共计 200 余间，车辆受损 1500 余辆，树木倒伏约 11.5 万株，道路护栏倾倒、受损 120 起，广告牌脱落、倒塌 350 余块，围墙倒塌 35 处，山体滑坡 7 起，110 千伏线路跳闸 6 条，10 千伏线路跳闸 140 条，深圳电网电量损失共计 31.67 万千瓦时，影响用户数共计 83292 户。

图 3-77　台风“韦森特”造成深圳倒树 11 万棵（左），一栋在建高楼楼顶一座塔吊被狂风吹折（右）（图片来源：互联网，其中右图深圳新闻网）

3.1.19 “启德”（1213号台风）

1213号台风“启德”（Kai-tak，台风级）来自太平洋，中心附近最大平均风速38米/秒，于2012年8月17日12时30分在广东湛江湖光镇登陆，登陆时中心附近最大风力13级。“启德”影响深圳的时间是8月16—17日，给深圳国家基本气象站带来过程雨量49.4毫米，最大日雨量46.1毫米，最大阵风风速13.5米/秒。

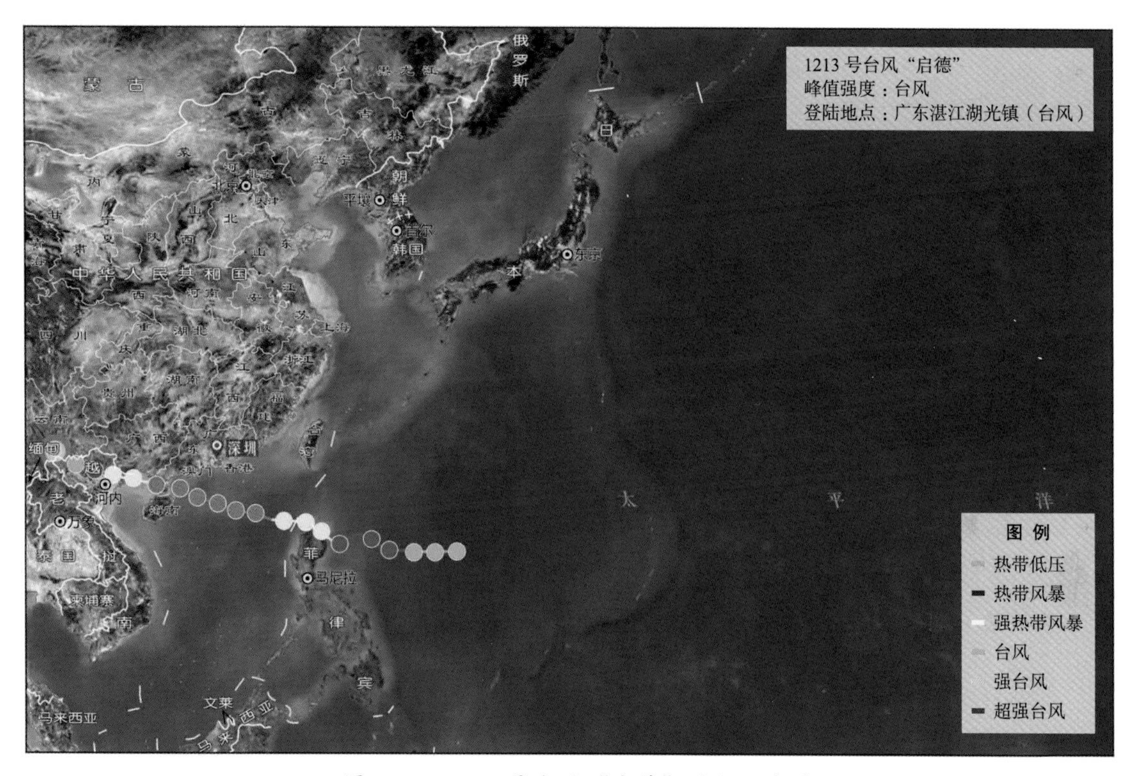

图3-78　1213号台风“启德”路径示意图

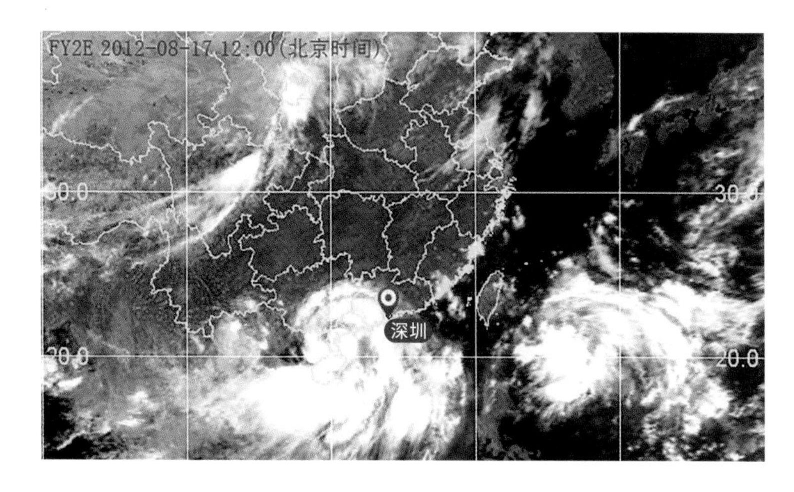

图3-79　1213号台风“启德”云图

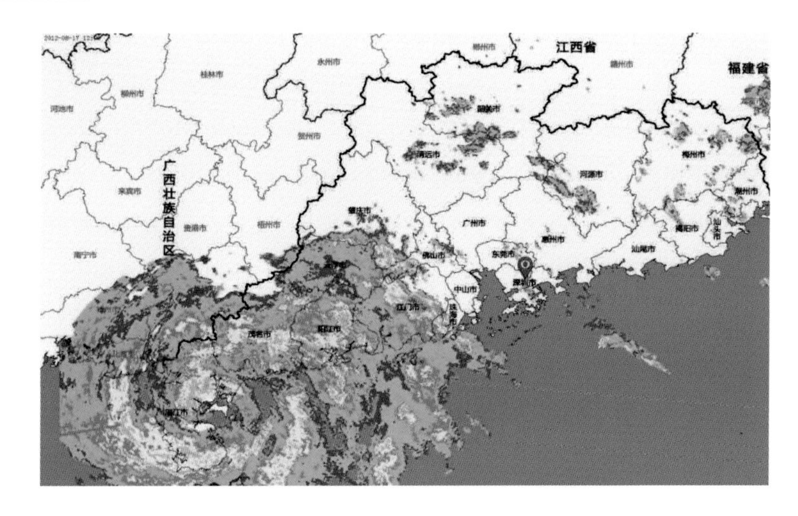

图 3-80　1213 号台风“启德”雷达图

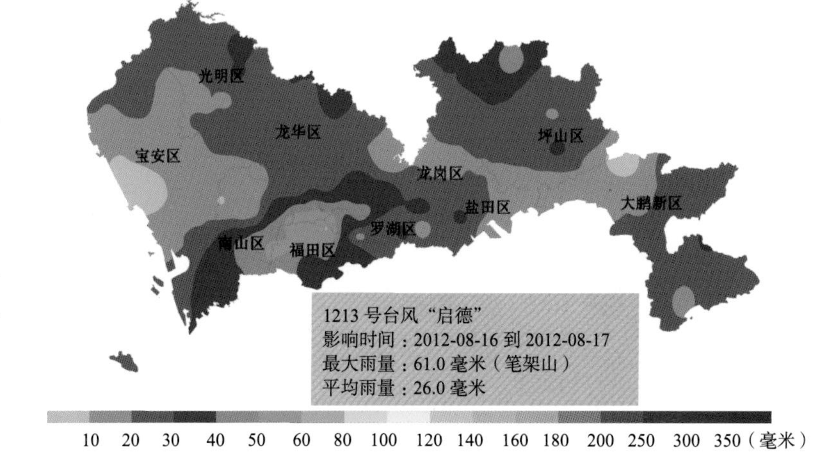

图 3-81　1213 号台风“启德”影响深圳期间过程累积雨量分布图

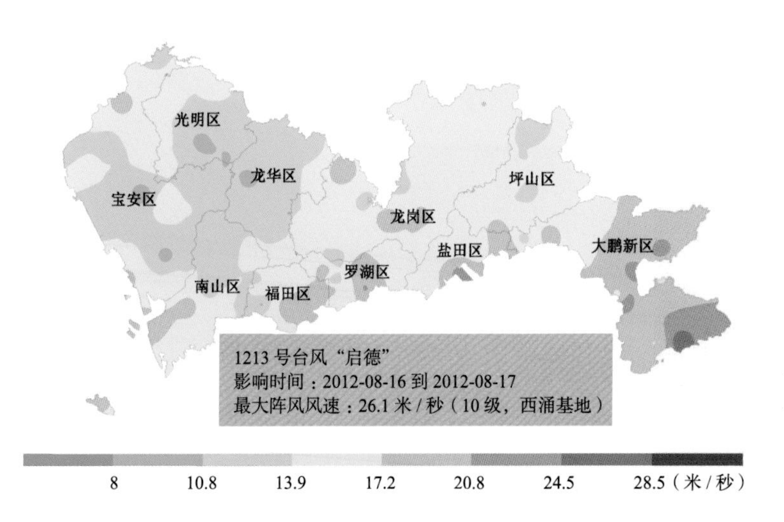

图 3-82　1213 号台风“启德”影响深圳期间最大阵风风速分布图

3.1.20 “温比亚”（1306号台风）

1306号台风“温比亚”（Rumbia，强热带风暴级）来自太平洋，中心附近最大平均风速30米/秒，于2013年7月2日05时30分在广东湛江湖光镇登陆，登陆时中心附近最大风力11级。“温比亚”影响深圳的时间是7月1日，给深圳国家基本气象站带来过程雨量17.6毫米，最大日雨量17.6毫米，最大阵风风速10.9米/秒。

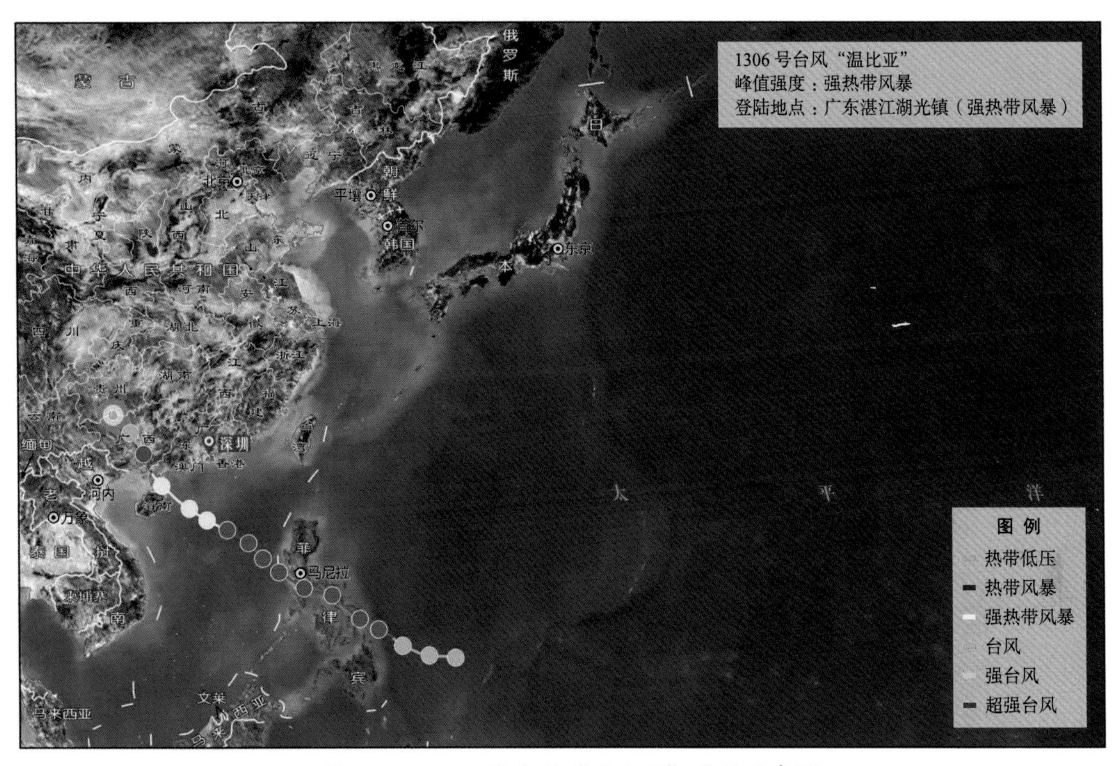

图3-83　1306号台风“温比亚”路径示意图

图3-84　1306号台风“温比亚”云图

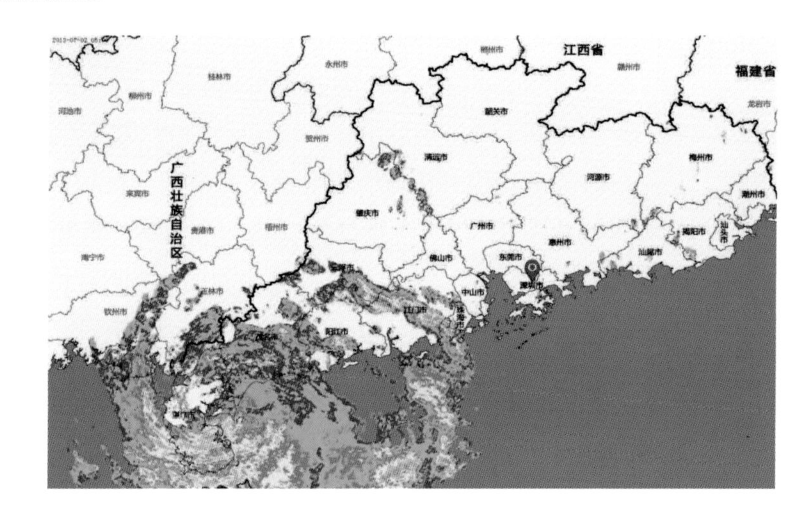

图 3-85 1306 号台风“温比亚”雷达图

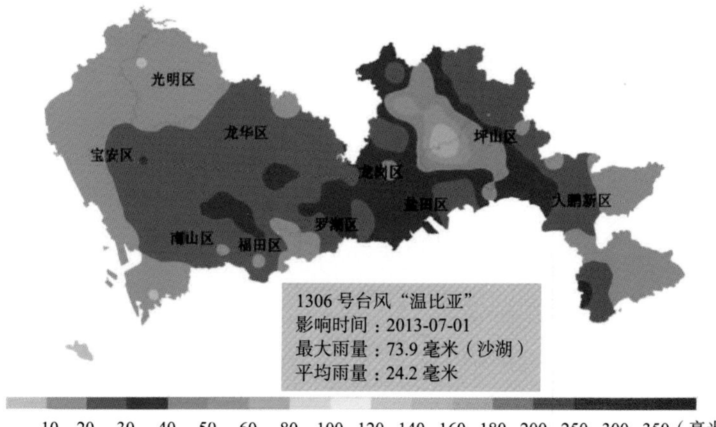

图 3-86 1306 号台风“温比亚”影响深圳期间过程累积雨量分布图

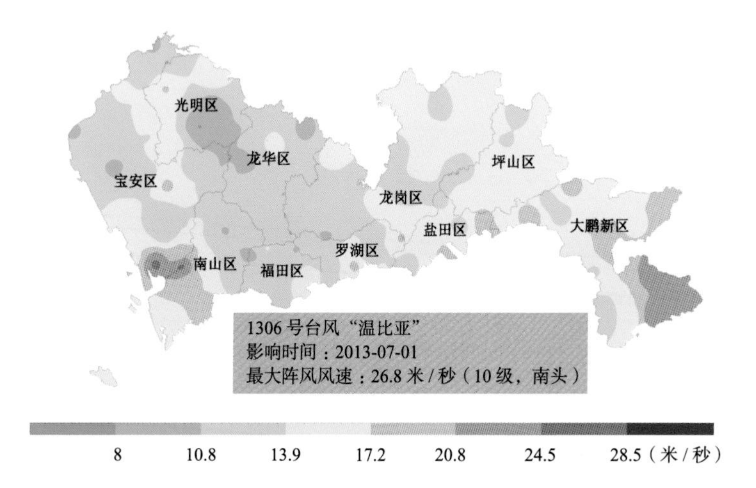

图 3-87 1306 号台风“温比亚”影响深圳期间最大阵风风速分布图

台风“温比亚”造成深圳机场共有 16 个出港航班延误 2 小时以上，11 个出港航班取消。

3.1.21 “飞燕”（1309 号台风）

1309 号台风“飞燕”（Jebi，强热带风暴级）来自南海，中心附近最大平均风速 30 米 / 秒，于 2013 年 8 月 2 日 19 时 30 分在海南省文昌市龙楼镇登陆，登陆时中心附近最大风力 11 级。“飞燕”影响深圳的时间是 8 月 2—3 日，给深圳国家基本气象站带来过程雨量 79.9 毫米，最大日雨量 40.7 毫米，最大阵风风速 10.7 米 / 秒。

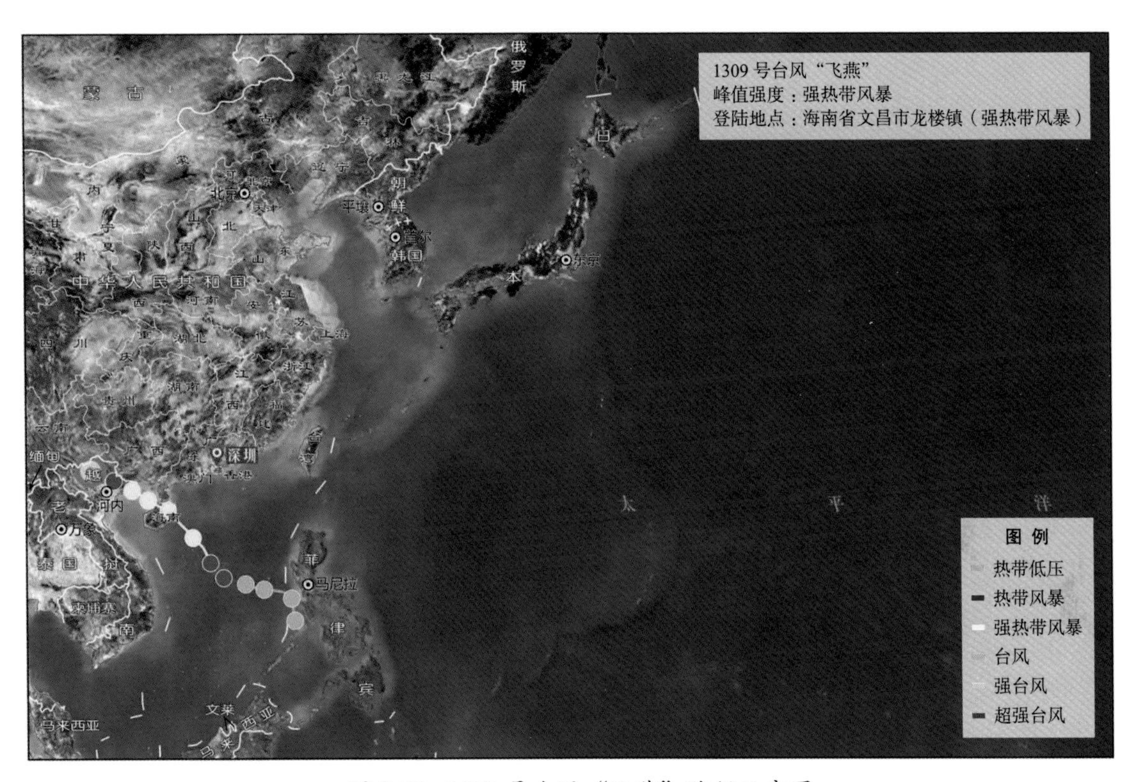

图 3-88 1309 号台风“飞燕”路径示意图

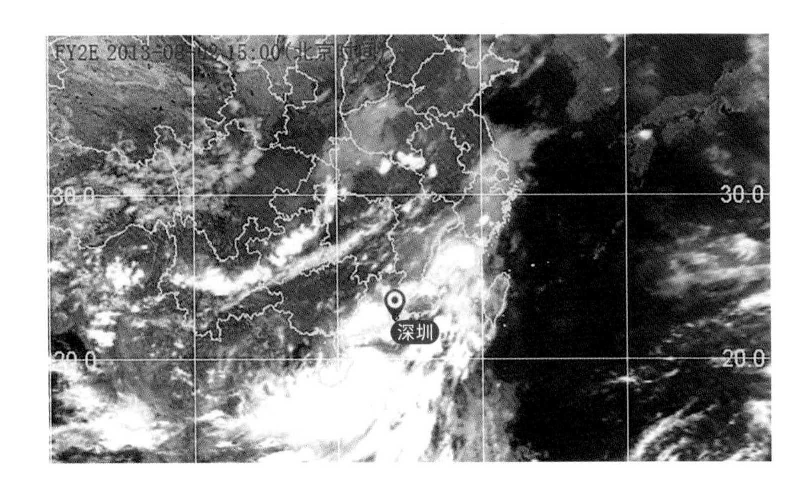

图 3-89 1309 号台风“飞燕”云图

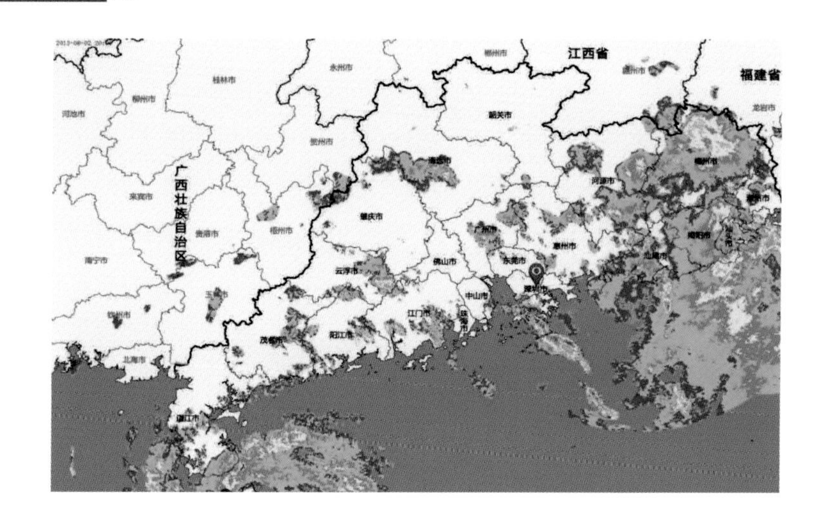

图 3-90　1309 号台风“飞燕”雷达图

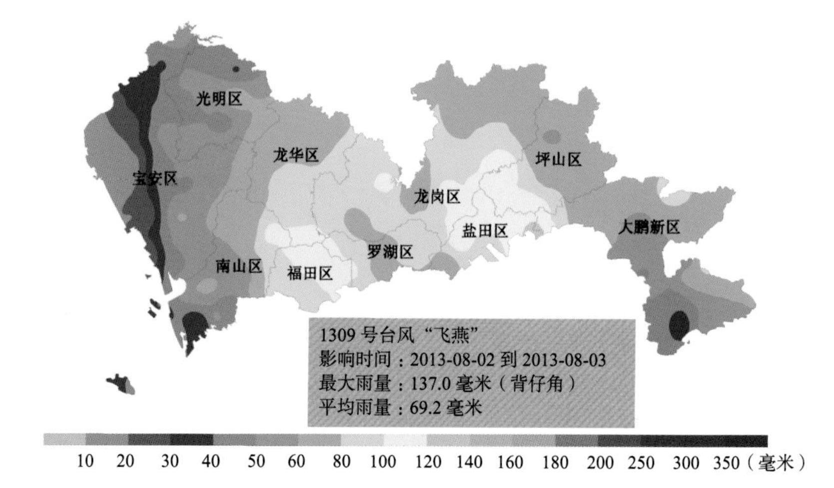

图 3-91　1309 号台风“飞燕”影响深圳期间过程累积雨量分布图

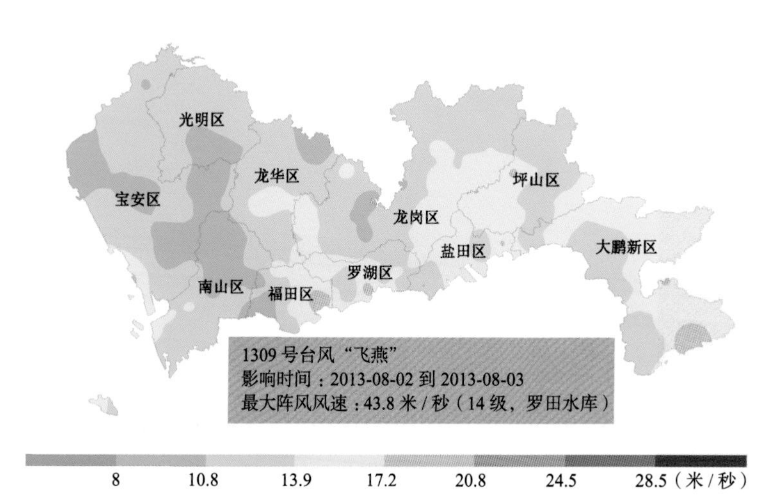

图 3-92　1309 号台风“飞燕”影响深圳期间最大阵风风速分布图

3.1.22 “尤特”（1311 号台风）

1311 号台风“尤特”（Utor，超强台风级）来自太平洋，中心附近最大平均风速 60 米 / 秒，于 2013 年 8 月 14 日 15 时 50 分在广东阳江市阳西县溪头镇登陆，登陆时中心附近最大风力 14 级。“尤特”影响深圳的时间是 8 月 13—15 日，给深圳国家基本气象站带来过程雨量 74.4 毫米，最大日雨量 47.8 毫米，最大阵风风速 14.2 米 / 秒。

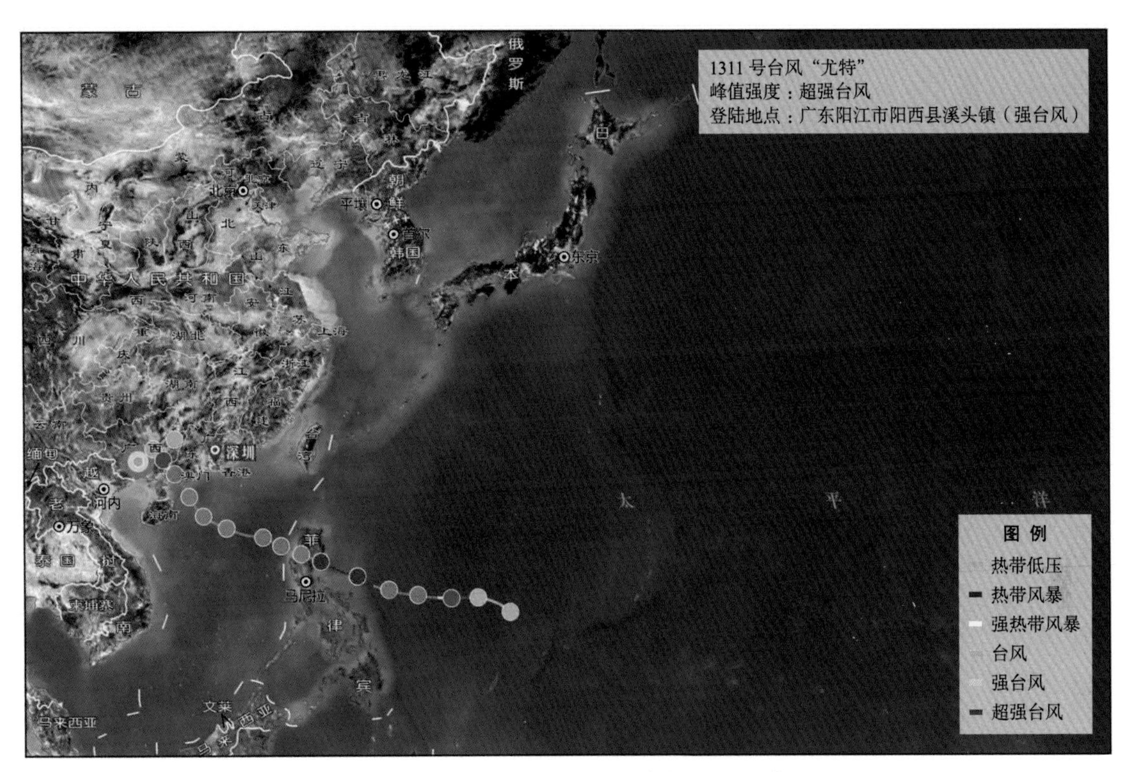

图 3-93　1311 号台风“尤特”路径示意图

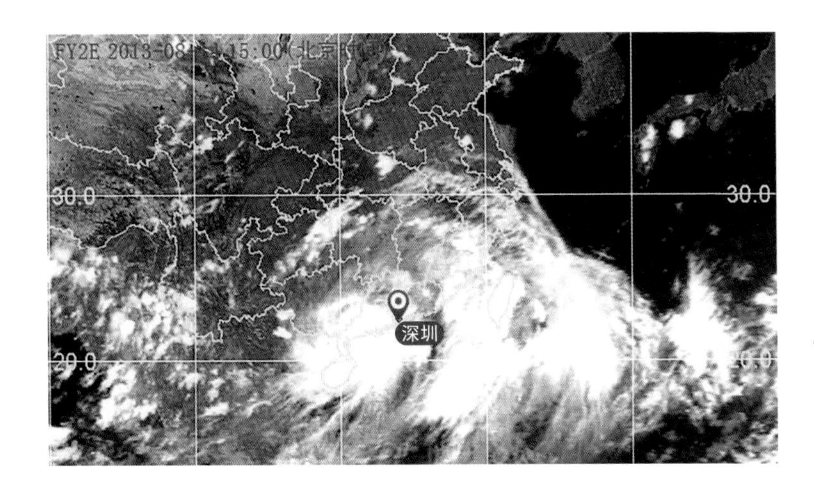

图 3-94　1311 号台风“尤特”云图

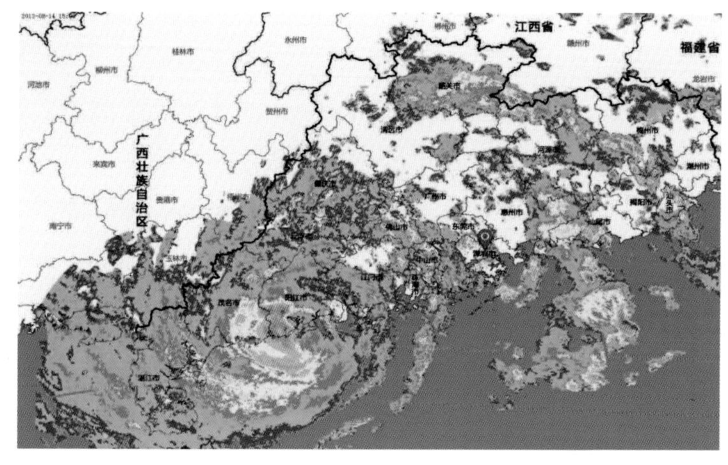

图 3-95　1311 号台风“尤特”雷达图

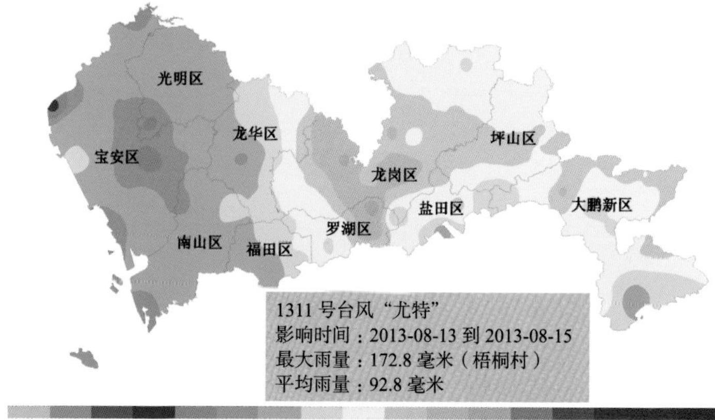

图 3-96　1311 号台风“尤特”影响深圳期间过程累积雨量分布图

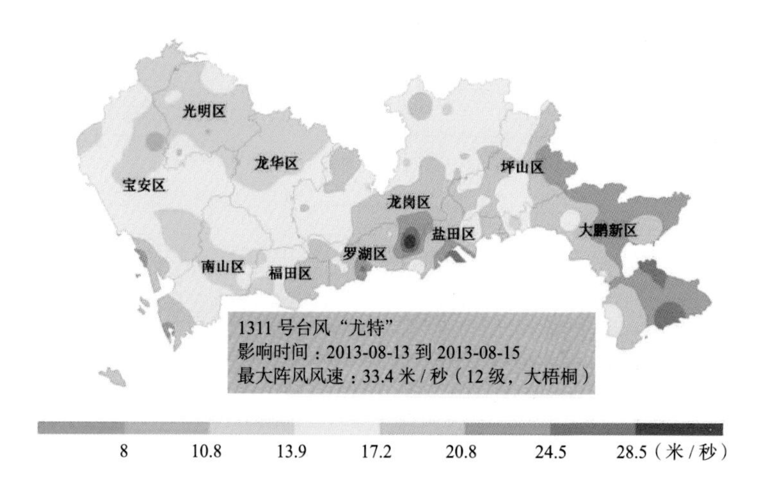

图 3-97　1311 号台风“尤特”影响深圳期间最大阵风风速分布图

台风“尤特”导致深圳机场飞往海口、三亚等方向航班受到不同程度影响，共取消 30 多个出港航班，蛇口客运码头有 21 班往来港澳客轮停航，另有 91 艘船停止作业和施工，深圳湾口岸临时关闭。此外还造成部分路段树木被风刮倒和短时积水。

3.1.23 “天兔”（1319 号台风）

1319 号台风“天兔”（Usagi，超强台风级）来自太平洋，中心附近最大平均风速 60 米 / 秒，于 2013 年 9 月 22 日 19 时 40 分在广东省汕尾市登陆，登陆时中心附近最大风力 14 级。“天兔”影响深圳的时间是 9 月 22—23 日，给深圳国家基本气象站带来过程雨量 86.6 毫米，最大日雨量 72.4 毫米，最大阵风风速 21.6 米 / 秒。

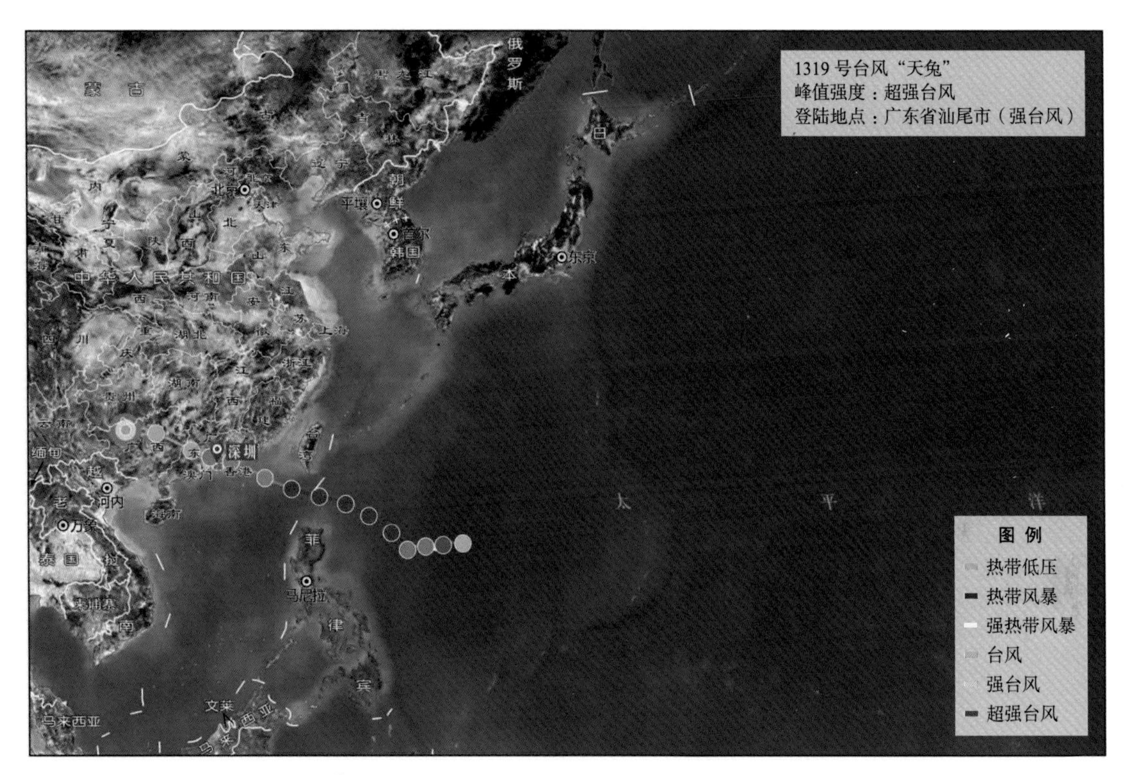

图 3-98 1319 号台风“天兔”路径示意图

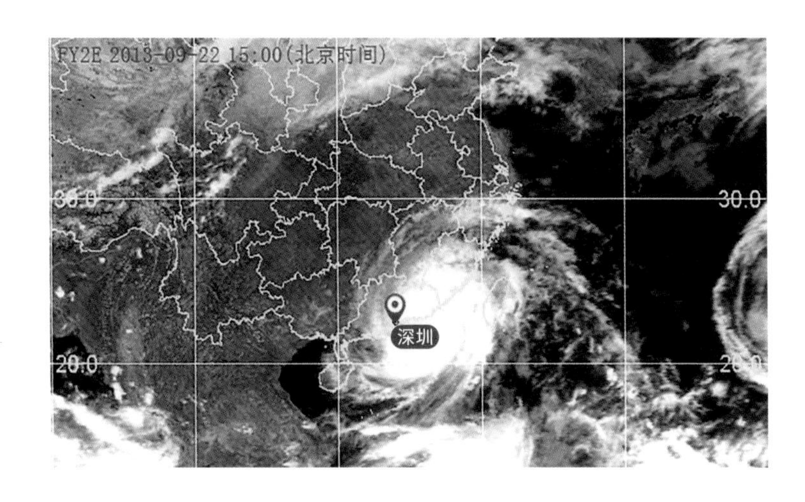

图 3-99 1319 号台风“天兔”云图

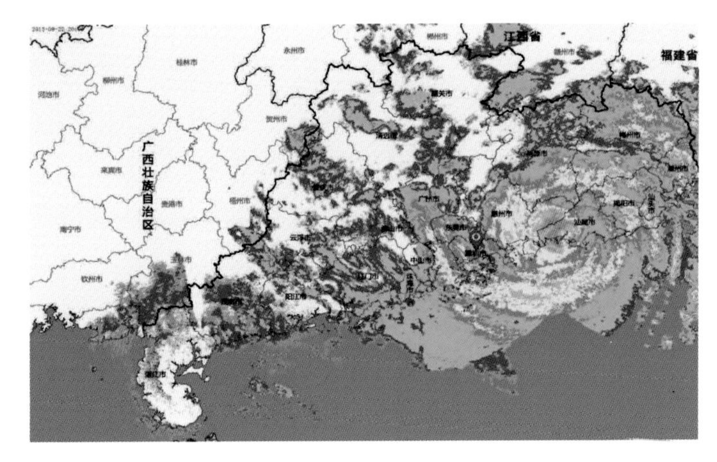

图 3-100 1319 号台风“天兔”雷达图

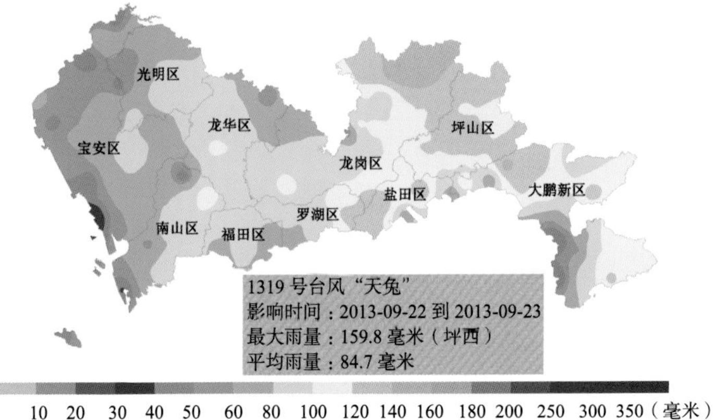

图 3-101 1319 号台风“天兔”影响深圳期间过程累积雨量分布图

光明区
龙华区
宝安区
坪山区
龙岗区
盐田区
大鹏新区
罗湖区
南山区
福田区
1319 号台风“天兔”
影响时间：2013-09-22 到 2013-09-23
最大阵风风速：33.3 米 / 秒（12 级，背仔角）
8 10.8 13.9 17.2 20.8 24.5 28.5（米 / 秒）

图 3-102 1319 号台风“天兔”影响深圳期间最大阵风风速分布图

受超强台风“天兔”影响，深圳宝安国际机场 400 余个航班取消，多条高速公路紧急封闭，沿山沿海公交线路停运，深圳客运船班全部停航，广深动车、广深高铁停运，深圳湾大桥封闭，树木倒伏数十宗，部分小区停电。

图 3-103 1319 号台风“天兔”在深圳沿海掀起巨浪（图片来源：深圳市气象局）

3.1.24 “威马逊”（1409 号台风）

1409 号台风“威马逊”（Rammasun，超强台风级）来自太平洋，中心附近最大平均风速 72 米 / 秒，三次登陆我国，第一次是 2014 年 7 月 18 日 15 时 30 分在海南文昌登陆，第二次是 7 月 18 日 19 时 30 分在广东徐闻登陆，第三次是 19 日 07 时 10 分在广西防城港登陆，前两次登陆时中心附近最大风力均超过 17 级，第三次登陆时中心附近最大风力为 15 级。“威马逊”影响深圳的时间是 7 月 17—18 日，给深圳国家基本气象站带来过程雨量 31.6 毫米，最大日雨量 31.6 毫米，最大阵风风速 14.7 米 / 秒。

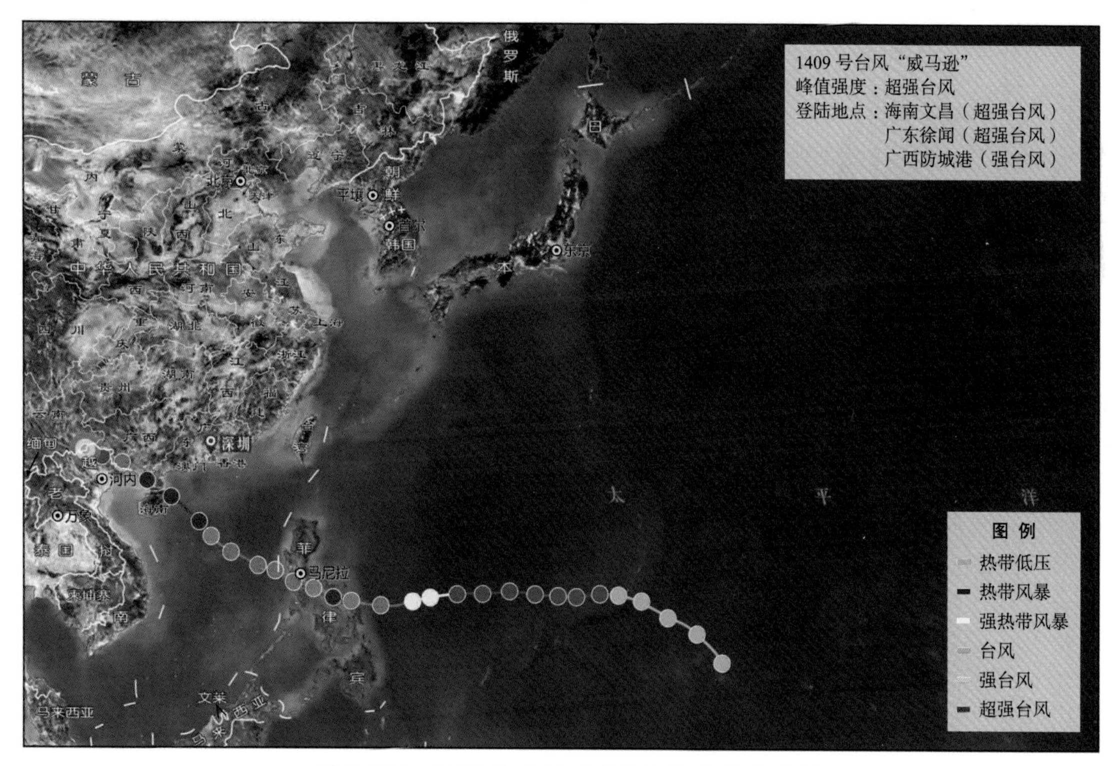

图 3-104 1409 号台风“威马逊”路径示意图

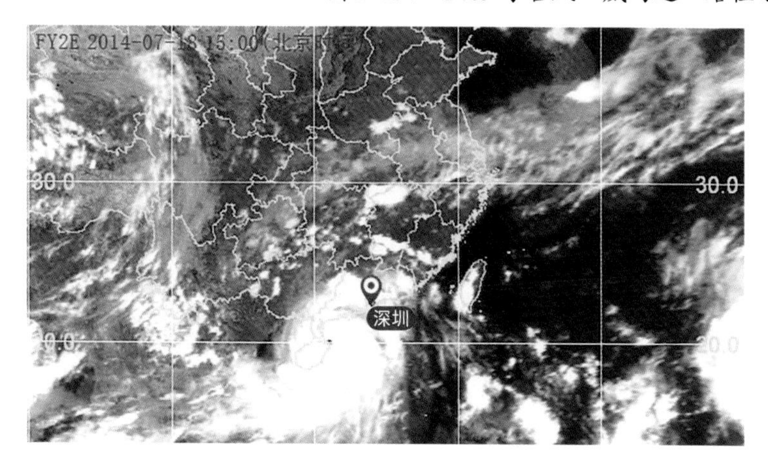

图 3-105 1409 号台风“威马逊”云图

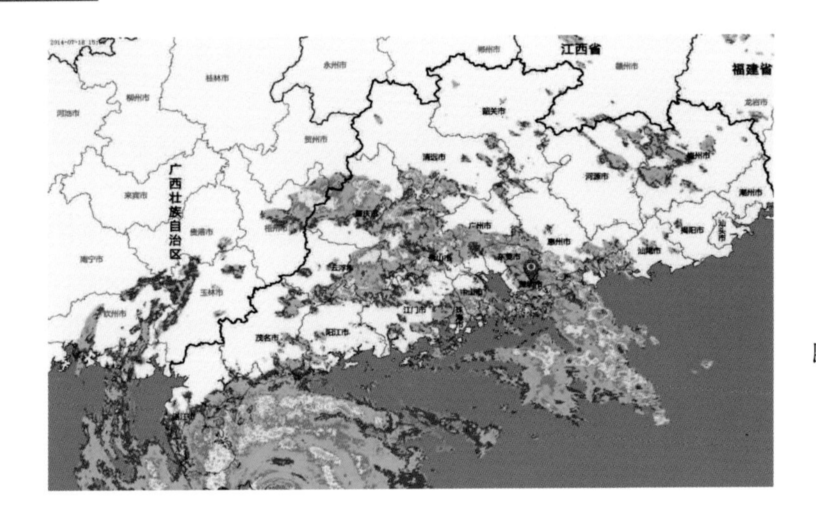

图 3-106　1409 号台风“威马逊”雷达图

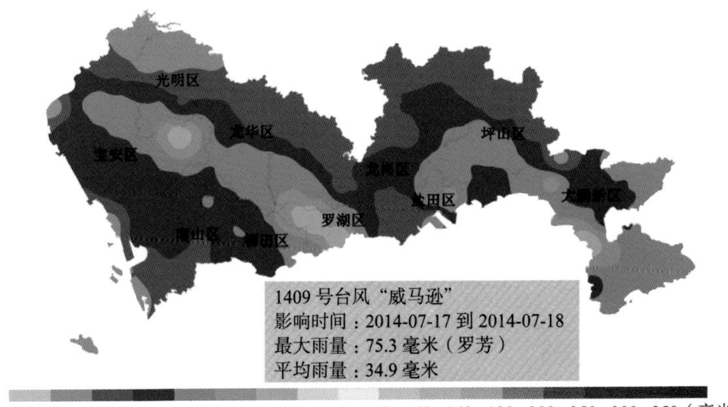

图 3-107　1409 号台风“威马逊”影响深圳期间过程累积雨量分布图

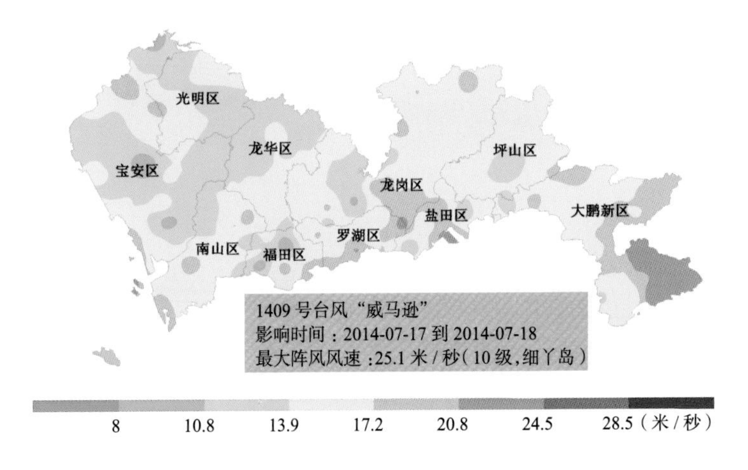

图 3-108　1409 号台风“威马逊”影响深圳期间最大阵风风速分布图

台风“威马逊”由于距离深圳较远，对深圳的影响主要是航班方面。据不完全统计，其影响期间，各航空公司共取消深圳机场进出港航班 55 班，其中出港 30 班、进港 25 班，并有 15 班前往海口、三亚、湛江等方向的航班延误 1 小时以上。

3.1.25 “海鸥”（1415 号台风）

1415 号台风“海鸥”（Kalmaegi，强台风级）来自太平洋，中心附近最大平均风速 42 米 / 秒，先后于 2014 年 9 月 16 日 09 时 40 分和 12 时 45 分在海南文昌和广东徐闻登陆，登陆时中心附近最大风力均为 14 级。“海鸥”影响深圳的时间是 9 月 15—17 日，给深圳国家基本气象站带来过程雨量 108.5 毫米，最大日雨量 73.5 毫米，最大阵风风速 18.9 米 / 秒。

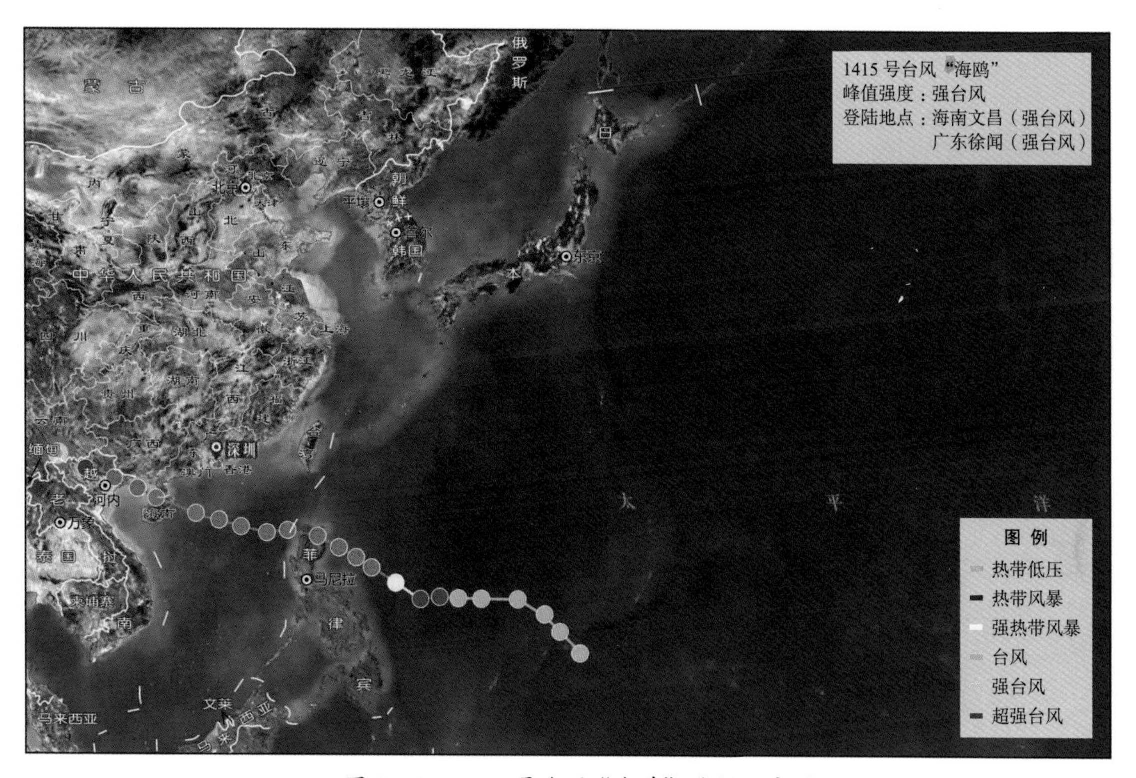

图 3-109　1415 号台风“海鸥”路径示意图

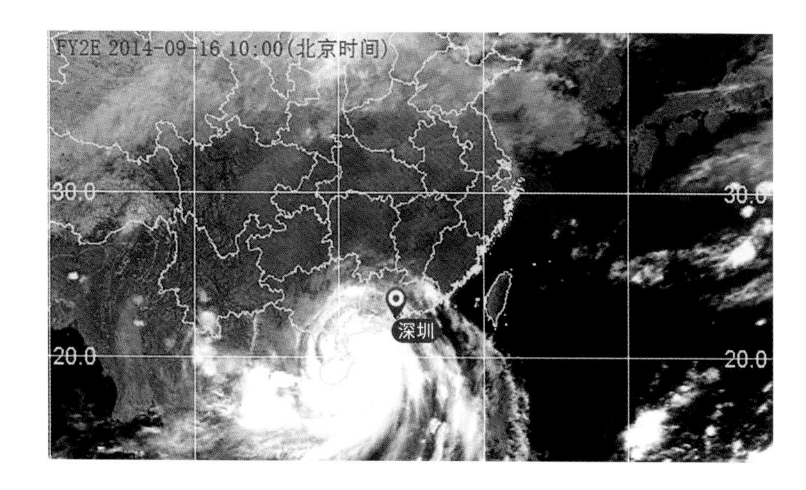

图 3-110　1415 号台风“海鸥”云图

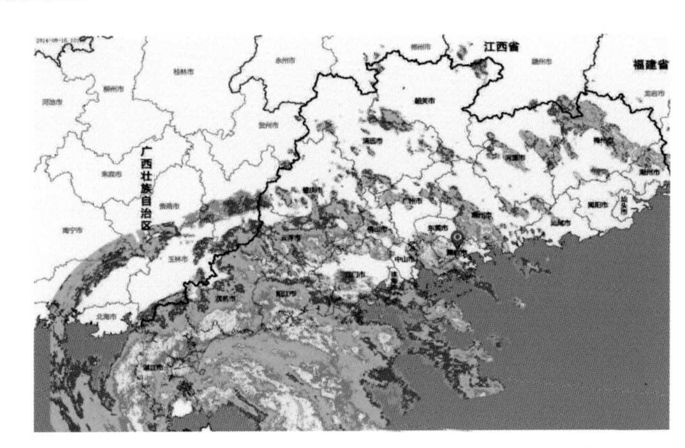

图 3-111 1415 号台风“海鸥”雷达图

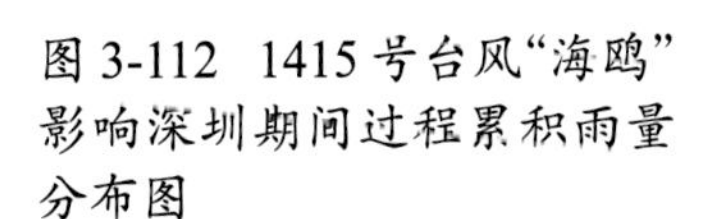

图 3-112 1415 号台风“海鸥”影响深圳期间过程累积雨量分布图

光明区
宝安区
龙华区
坪山区
龙岗区
盐田区
大鹏新区
罗湖区
南山区
福田区
1415 号台风“海鸥”
影响时间：2014-09-15 到 2014-09-17
最大阵风风速：33.9 米 / 秒（12 级，大梧桐）
8 10.8 13.9 17.2 20.8 24.5 28.5（米 / 秒）

图 3-113 1415 号台风“海鸥”影响深圳期间最大阵风风速分布图

台风“海鸥”造成深圳全市约 2000 多棵树木被风刮倒或折枝，另有广告牌、灯箱等被大风吹倒和高空坠物造成人员受伤、车辆受损等情况；深圳机场共取消进出港航班 50 班，深圳西站 2 趟列车停运，蛇口码头部分轮渡受影响或取消；东部沿海部分海堤局部受损，大鹏新区鹏城较场尾“鹏城人家”段 3 处海堤受损 20 米；9 月 16 日全市中小学、幼儿园停课，户外在建工地暂停施工，滨海旅游景区、海滨浴场关闭。

图 3-114 1415 号台风“海鸥”共造成深圳约 2000 棵树倒伏（左），深圳文诚商业广场边的小木屋被掀翻，把附近的两三辆小汽车压扁（右）（图片来源：互联网）

3.1.26 “彩虹”（1522号台风）

1522号台风“彩虹”（Mujigae，超强台风级）来自太平洋，中心附近最大平均风速52米/秒，于2015年10月4日14时10分在广东湛江坡头登陆，登陆时中心附近最大风力16级。“彩虹”影响深圳的时间是10月3—4日，给深圳国家基本气象站带来过程雨量114.3毫米，最大日雨量108.5毫米，最大阵风风速13.5米/秒。

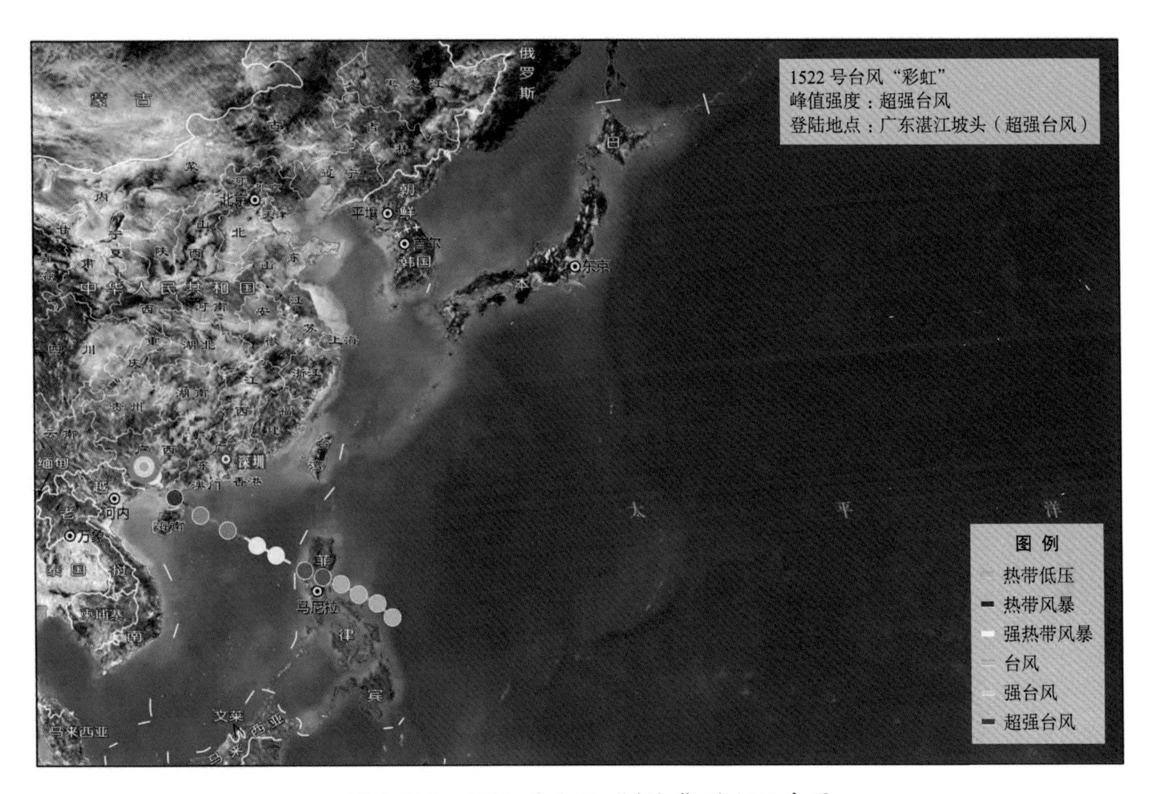

图3-115 1522号台风“彩虹”路径示意图

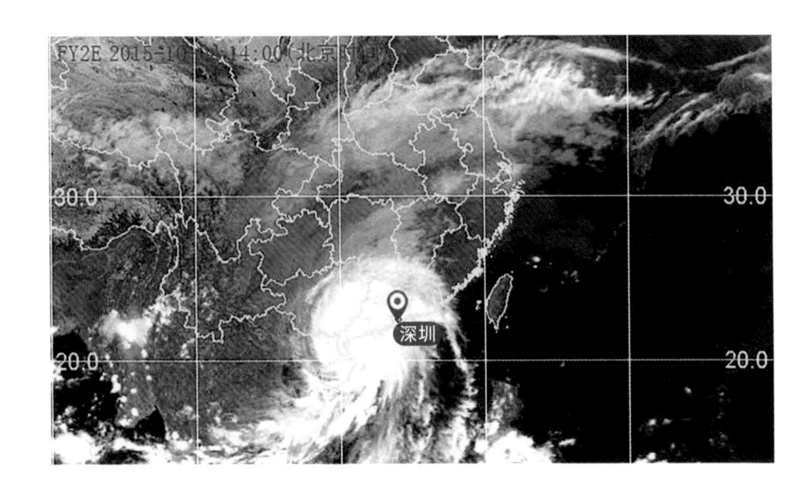

图3-116 1522号台风“彩虹”云图

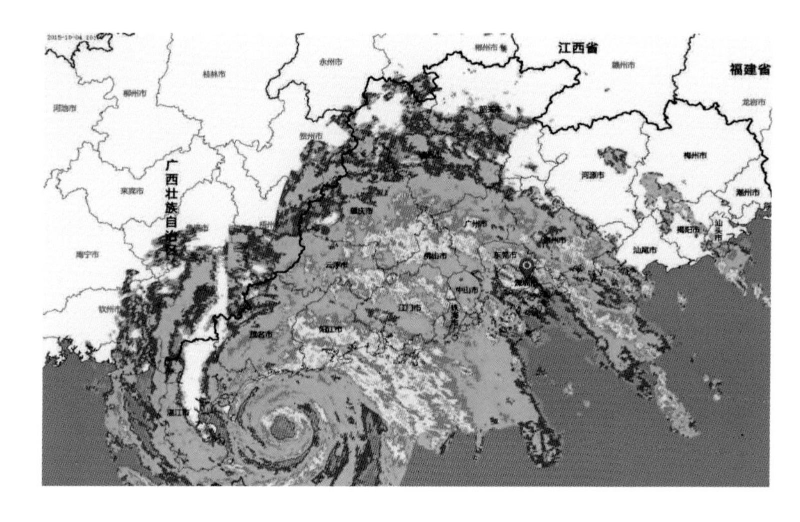

图 3-117　1522 号台风“彩虹”雷达图

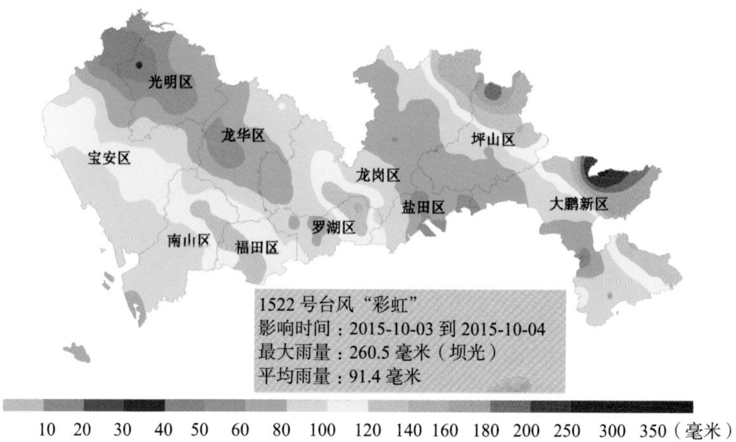

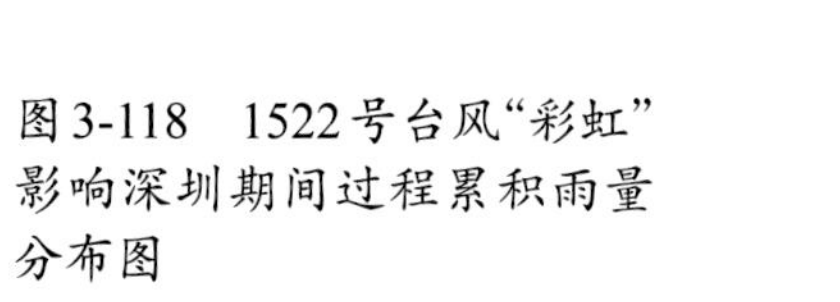

图 3-118　1522 号台风“彩虹”影响深圳期间过程累积雨量分布图

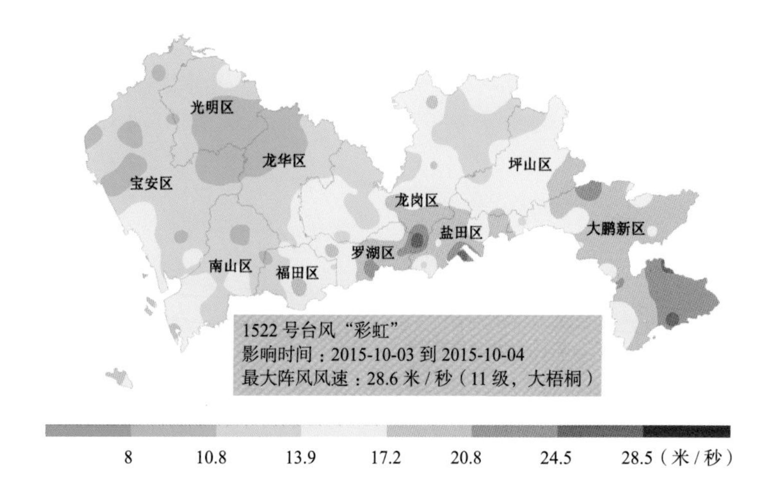

图 3-119　1522 号台风“彩虹”影响深圳期间最大阵风风速分布图

台风“彩虹”造成深圳机场往返湛江、海南等地的部分航班取消，个别地区发生轻度积水、部分树木被风吹折或倒伏，给市民国庆出行带来不同程度影响。

3.1.27 “妮妲”（1604号台风）

1604号台风“妮妲”（Nida，台风级）来自太平洋，中心附近最大平均风速35米/秒，于2016年8月2日03时35分在深圳大鹏登陆，登陆时中心附近最大风力12级。“妮妲”影响深圳的时间是8月1—3日，给深圳国家基本气象站带来过程雨量205.4毫米，最大日雨量166.0毫米，最大阵风风速19.2米/秒。

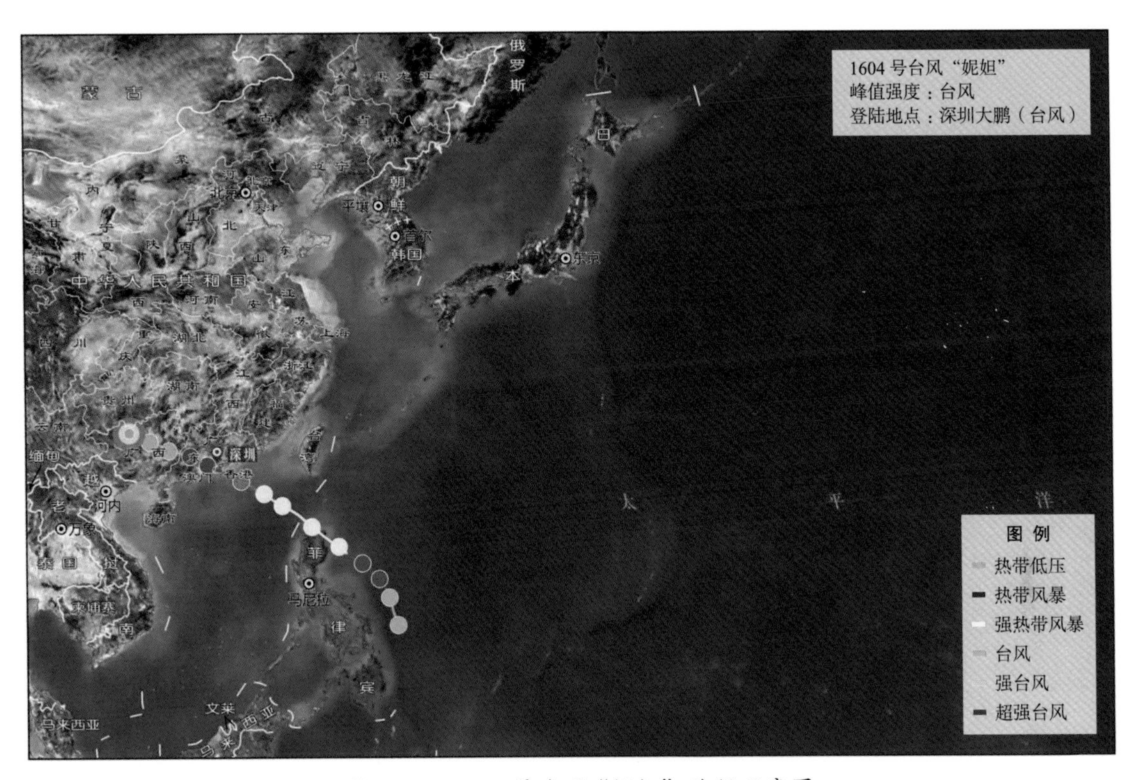

图3-120 1604号台风“妮妲”路径示意图

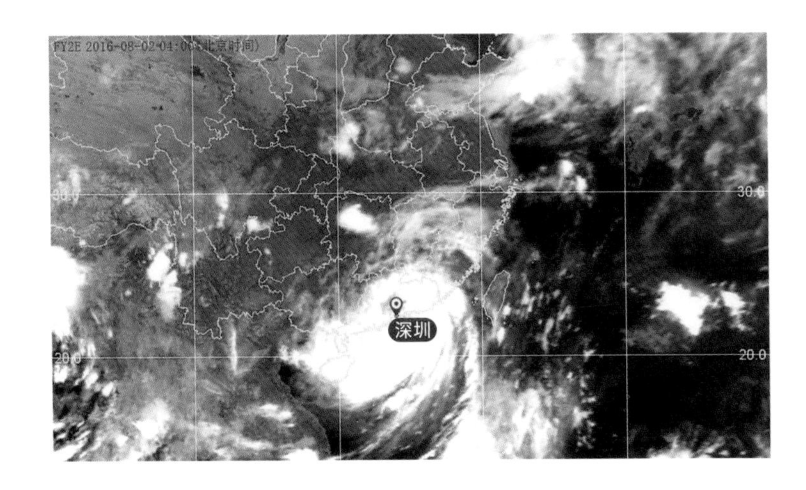

图3-121 1604号台风“妮妲”云图

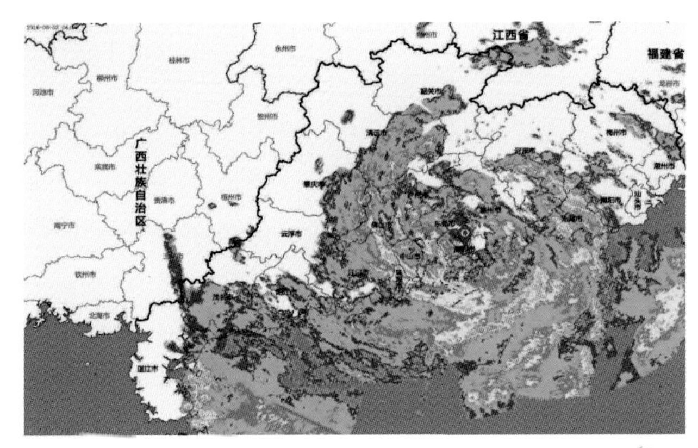

图 3-122　1604 号台风“妮妲”雷达图

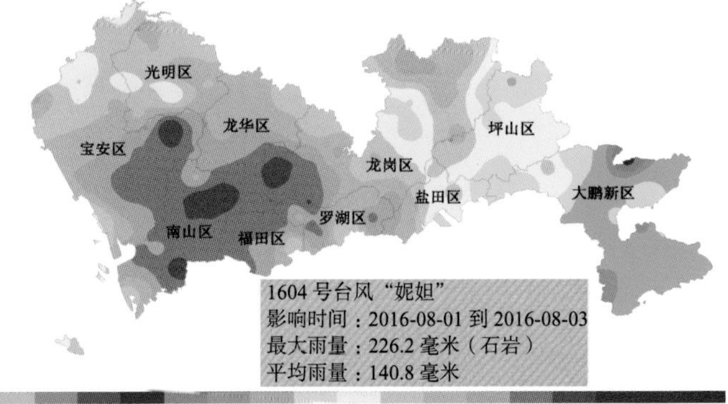

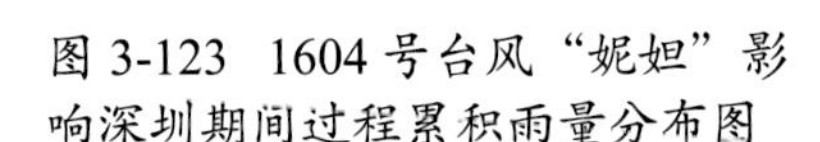

图 3-123　1604 号台风“妮妲”影响深圳期间过程累积雨量分布图

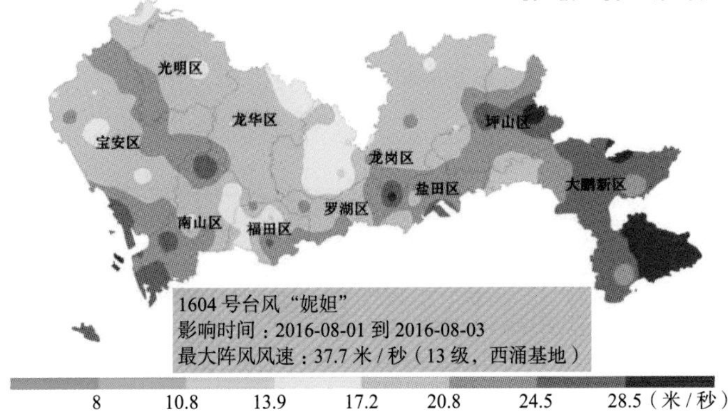

图 3-124　1604 号台风“妮妲”影响深圳期间最大阵风风速分布图

台风“妮妲”影响深圳期间全市共接报道路积水 97 处，其中龙华福龙路在布龙和陶吓高架两个路段积水严重，导致交通堵塞约 2 小时；全市客运码头停运，集装箱码头停止作业，近 400 条公交线路临时停运；地铁调整运营，各线高架区段停运，地下区段维持 10 分钟行车间隔的有限度服务；八大汽车站停运、机场航班全部取消，深圳湾大桥临时关闭等，其中深圳交通运输史上第一次出现深圳始发火车全面停运。全市树木倒伏、损毁 1300 余棵，输电线路累计跳闸 153 条次，1.6 万多户客户用电受到影响，导致南山区供水中断 3 次。

图 3-125　1604 号台风“妮妲”登陆后的深圳街头（图片来源：新浪微博）

3.1.28 “电母”（1608号台风）

1608号台风“电母”（Dianmu，热带风暴级）来自南海，中心附近最大平均风速23米/秒，于2016年8月18日15时40分在广东湛江雷州登陆，登陆时中心附近最大风力8级。“电母”影响深圳的时间是8月17—18日，给深圳国家基本气象站带来过程雨量56.5毫米，最大日雨量45.5毫米，最大阵风风速9.1米/秒。

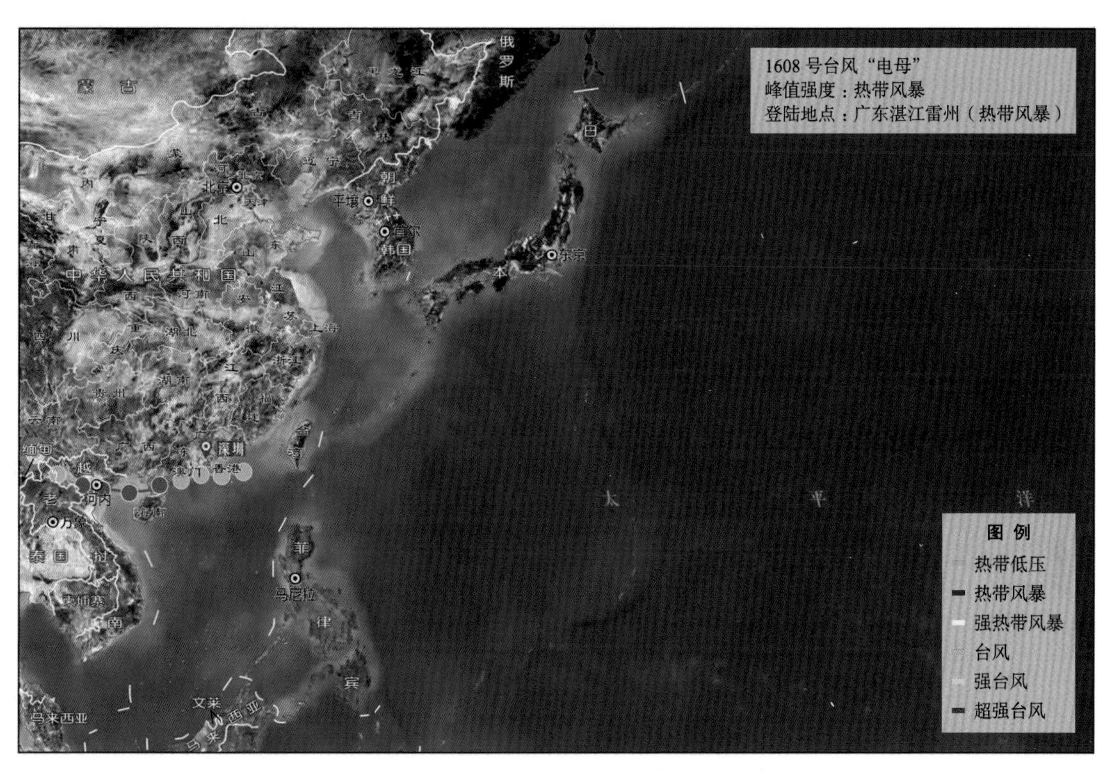

图3-126　1608号台风“电母”路径示意图

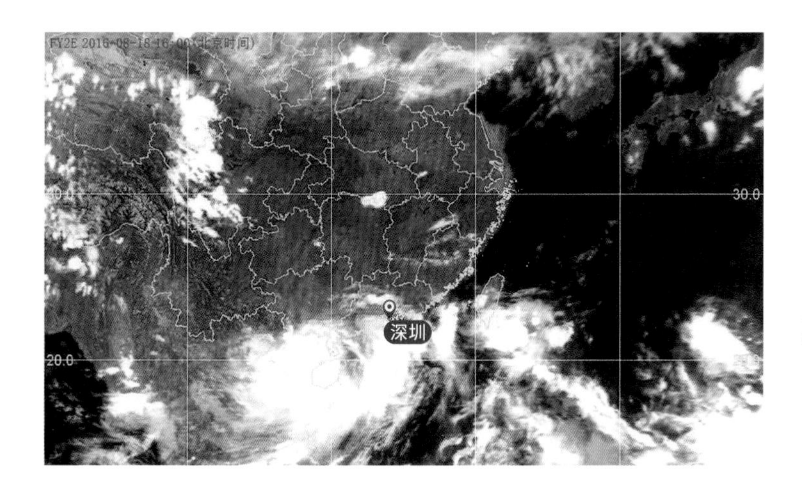

图3-127　1608号台风“电母”云图

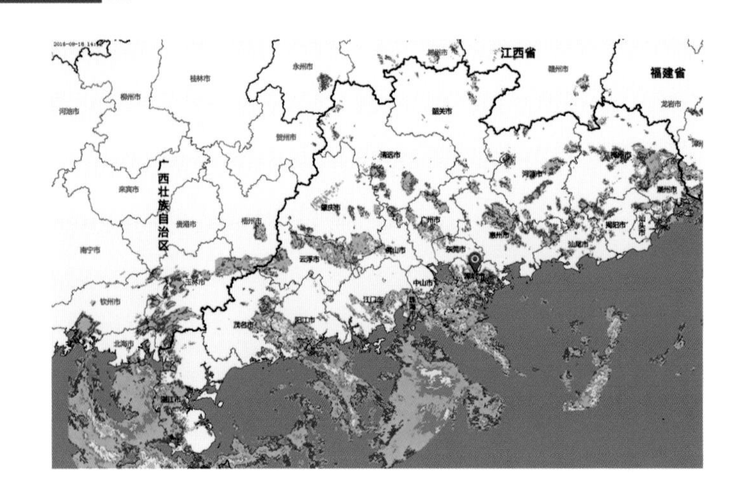

图 3-128　1608 号台风“电母”雷达图

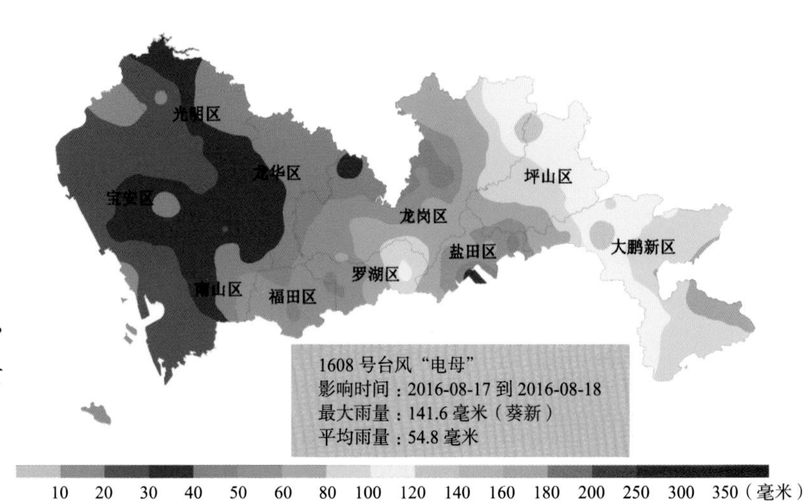

图 3-129　1608 号台风“电母”影响深圳期间过程累积雨量分布图

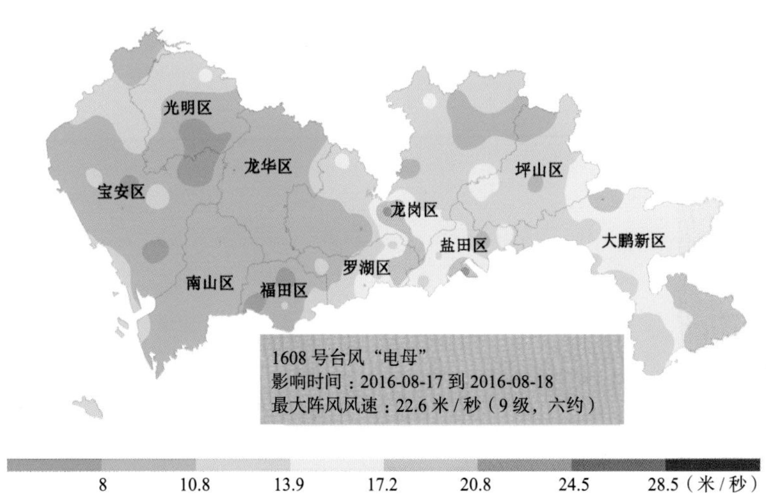

图 3-130　1608 号台风“电母”影响深圳期间最大阵风风速分布图

3.1.29 “莎莉嘉”（1621号台风）

1621号台风“莎莉嘉”（Sarika，超强台风级）来自太平洋，中心附近最大平均风速55米/秒，分别于2016年10月18日09时50分和19日14时20分在海南万宁和广西东兴登陆，登陆时中心附近最大风力分别为13级和8级。“莎莉嘉”影响深圳的时间是10月17—19日，给深圳国家基本气象站带来过程雨量232毫米，最大日雨量117.6毫米，最大阵风风速12.3米/秒。

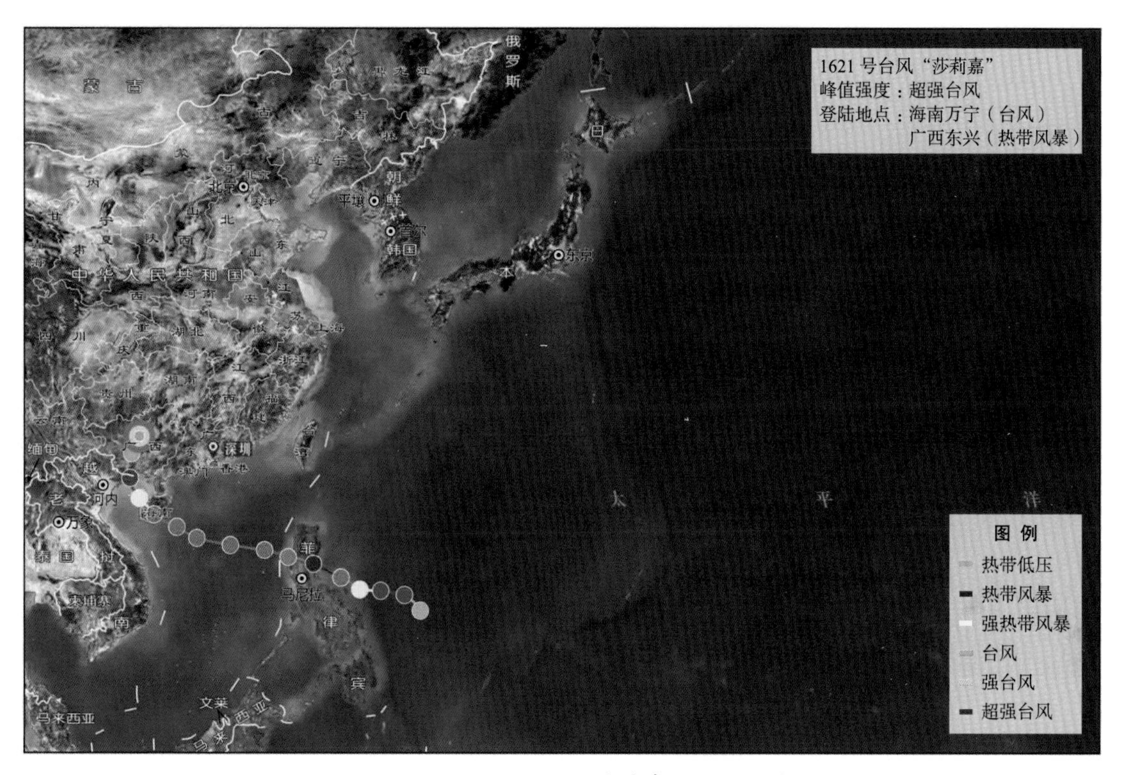

图3-131　1621号台风“莎莉嘉”路径示意图

图3-132　1621号台风“莎莉嘉”云图

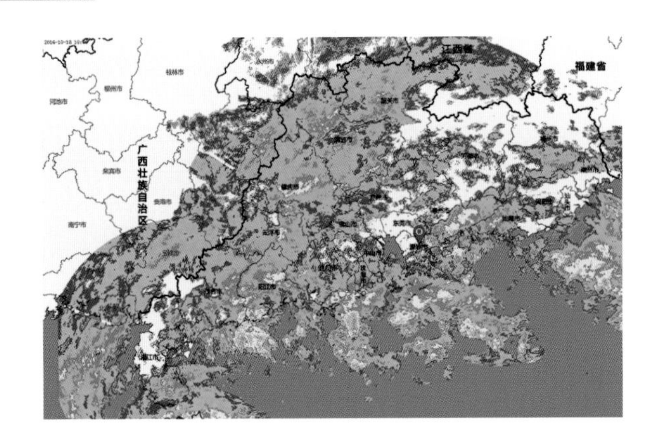

图 3-133　1621 号台风“莎莉嘉”雷达图

图 3-134　1621 号台风“莎莉嘉”影响深圳期间过程累积雨量分布图

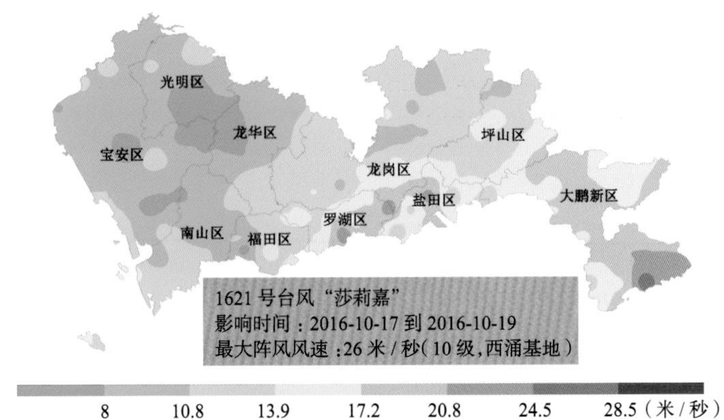

图 3-135　1621 号台风“莎莉嘉”影响深圳期间最大阵风风速分布图

台风“莎莉嘉”影响深圳期间，由于雨势平缓，全市发生道路积水 30 余起，水深 0.1 ~ 0.3 米；坪山新区挡土墙倒塌 1 处，龙岗区盐排高速山体滑 坡 2 处；大鹏新区河道险情 2 处，另有 4 人因积水被困（最终获救）。

图 3-136　1621 号台风“莎莉嘉”降雨影响，深圳环观南路大和路口出现积水（图片来源：@ 深圳龙华交警官方微博）

3.1.30　“海马”（1622号台风）

1622号台风“海马”（Haima，超强台风级）来自太平洋，中心附近最大平均风速68米/秒，于2016年10月21日12时40分在广东汕尾海丰登陆，登陆时中心附近最大风力13级。“海马”影响深圳的时间是10月21日，给深圳国家基本气象站带来过程雨量83.7毫米，最大日雨量83.7毫米，最大阵风风速18.8米/秒。

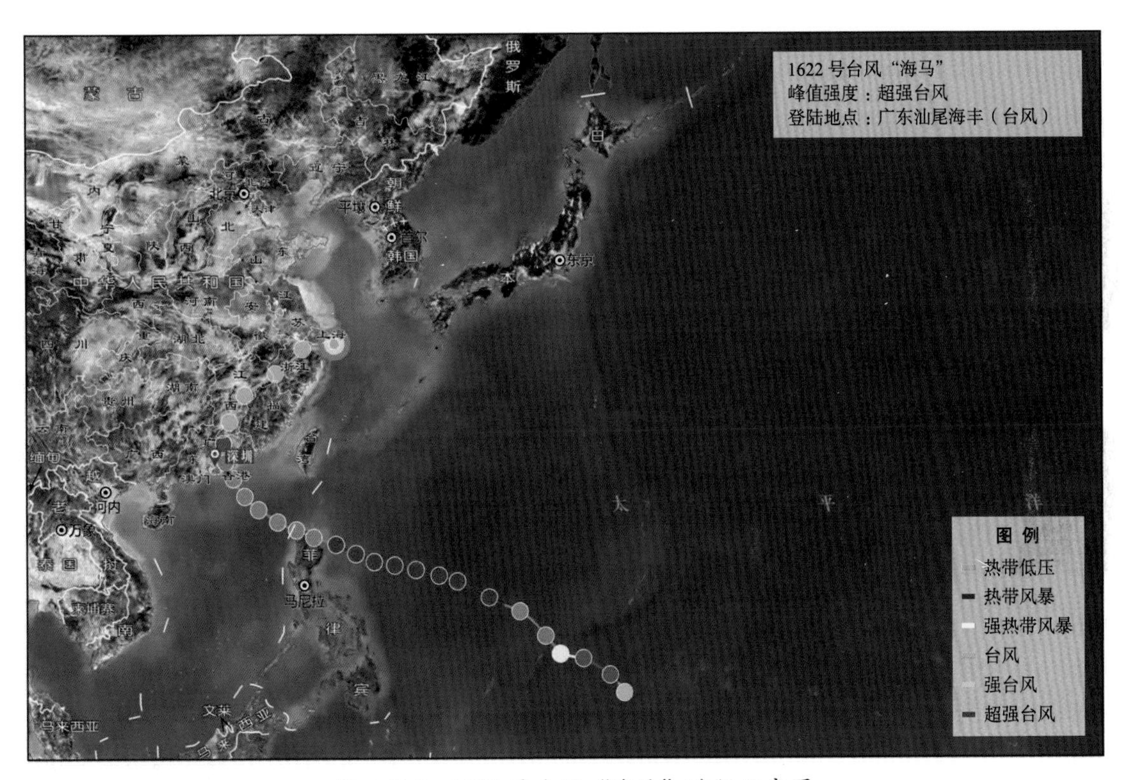

图3-137　1622号台风“海马”路径示意图

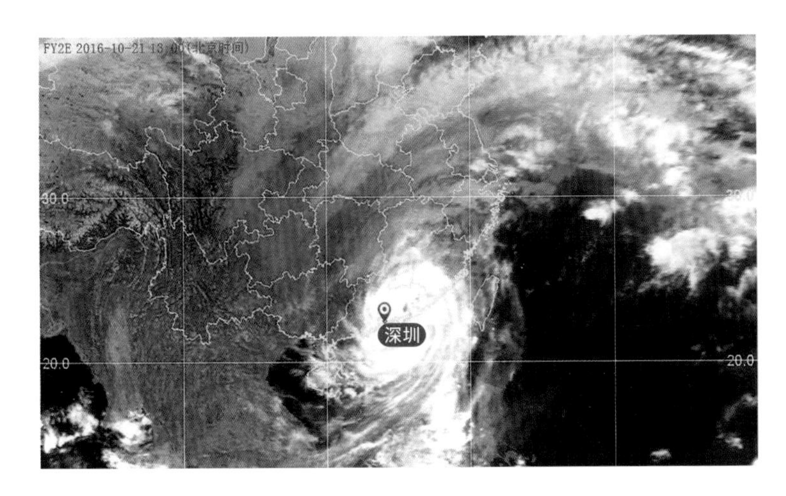

图3-138　1622号台风“海马”云图

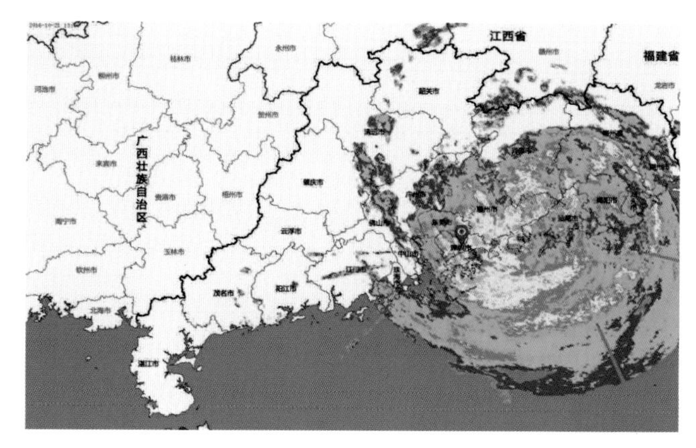

图 3-139　1622 号台风“海马”雷达图

图 3-140　1622 号台风“海马”影响深圳期间过程累积雨量分布图

光明区
龙华区
宝安区
坪山区
龙岗区
盐田区
大鹏新区
罗湖区
南山区
福田区
1622 号台风“海马”
影响时间：2016-10-21
最大阵风风速：33.9 米 / 秒（12 级，西涌基地）
8　10.8　13.9　17.2　20.8　24.5　28.5（米 / 秒）

图 3-141　1622 号台风“海马”影响深圳期间最大阵风风速分布图

图 3-142　1622 号台风“海马”造成深圳近 1000 棵树木受损（图片来源：新浪微博）

台风“海马”主要造成 4 位市民因大风吹落树枝砸到或吹倒受轻伤；930 棵树木和部分市政设施受损，其中户外广告牌受损 6 处，交通设施倾倒 14 个，路灯受损 3 处，电线杆受损 2 处，输电线路累积跳闸 29 次；道路积水 13 处，平均积水深度 0.1 ～ 0.3 米；围墙倒塌 1 处，未造成人员伤亡；交通方面，取消航班 578 班次，停运公交线路 283 条，全市道路客运车辆停运，码头停止作业，21 日深圳北站取消所有动车组列车，广深线城际动车全部停运，深圳站和深圳东站始发的部分长途列车停运。

3.1.31 “苗柏”（1702 号台风）

1702 号台风“苗柏”（Merbok，强热带风暴级）来自南海，中心附近最大平均风速 25 米 / 秒，于 2017 年 6 月 12 日 23 时在深圳大鹏登陆，登陆时中心附近最大风力 10 级。“苗柏”影响深圳的时间是 6 月 12—13 日，给深圳国家基本气象站带来过程雨量 177.3 毫米，最大日雨量 161.8 毫米，最大阵风风速 16.9 米 / 秒。

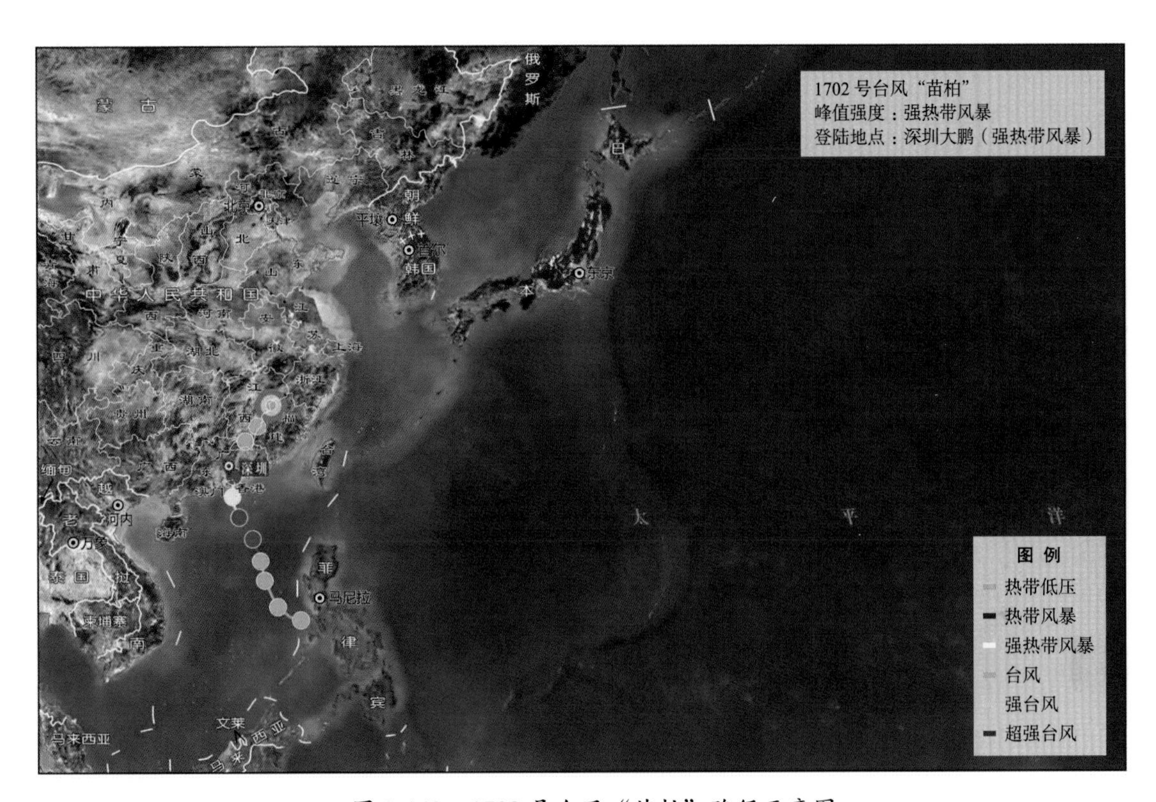

图 3-143　1702 号台风“苗柏”路径示意图

图 3-144　1702 号台风“苗柏”云图

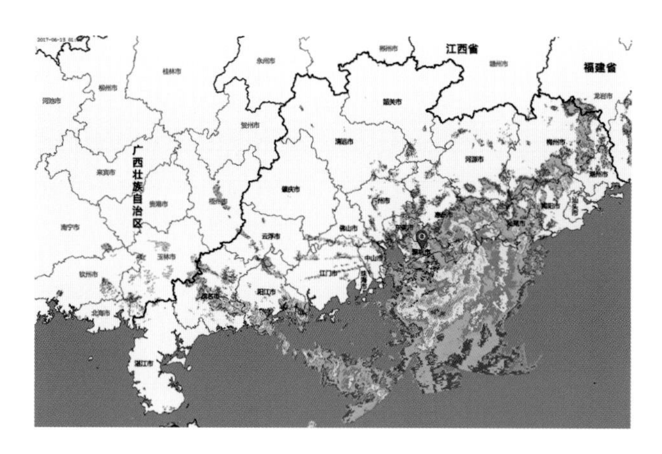

图 3-145　1702 号台风“苗柏”雷达图

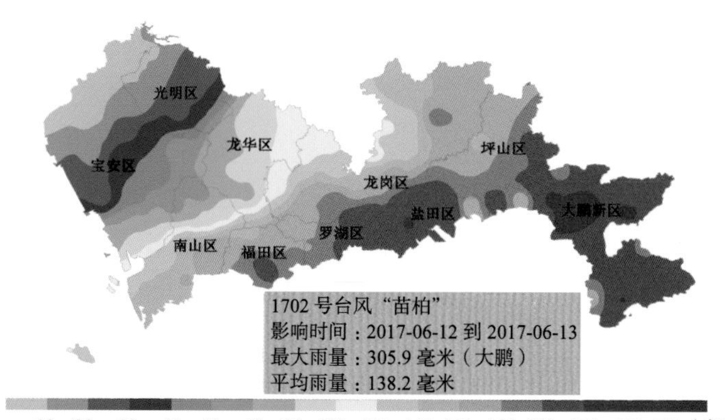

图 3-146　1702 号台风“苗柏”影响深圳期间过程累积雨量分布图

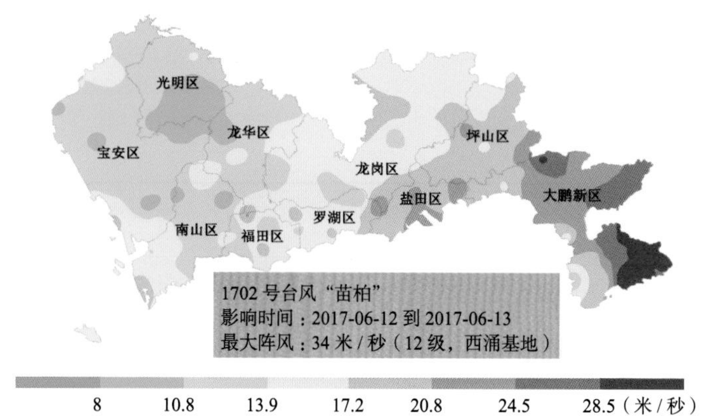

图 3-147　1702 号台风“苗柏”影响深圳期间最大阵风风速分布图

受台风“苗柏”影响，全市共报告积水点 55 处，树木倒伏 222 棵，输电线路发生供电中断 3 次。此外，地铁车公庙站部分站厅进水关站，地铁 1 号线、7 号线、9 号线、11 号线不停站通过，另有深圳火车站部分始发至广州东、广州方向的广深城际列车停运。

图 3-148　1702 号台风“苗柏”登陆给深圳带来严重积水内涝，深圳地铁最大的换乘站车公庙站部分站厅进水关站（图片来源：“家在深圳”房网论坛）

3.1.32 “洛克”（1707 号台风）

1707 号台风“洛克”（Roke，热带风暴级）来自太平洋，中心附近最大平均风速 20 米 / 秒，于 2017 年 7 月 23 日 09 时 50 分在香港登陆，登陆时中心附近最大风力 8 级。“洛克”影响深圳的时间是 7 月 23 日，给深圳国家基本气象站带来过程雨量 13.4 毫米，最大日雨量 13.4 毫米，最大阵风风速 10.6 米 / 秒。

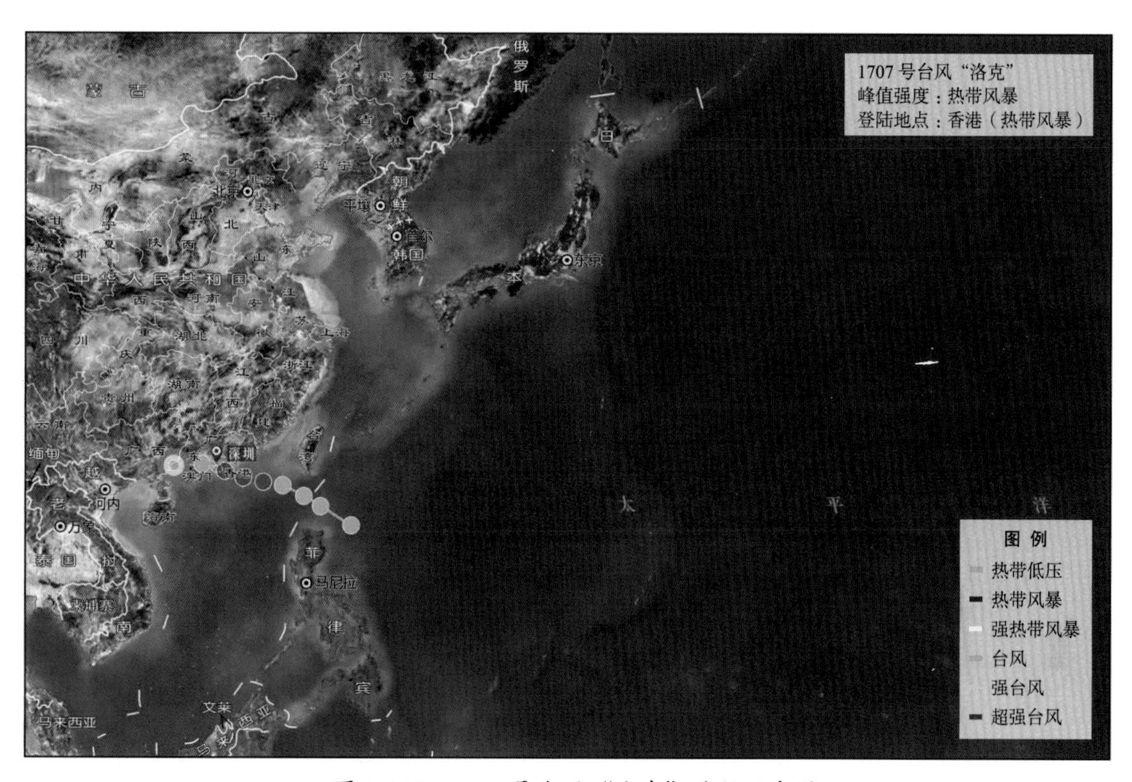

图 3-149　1707 号台风“洛克”路径示意图

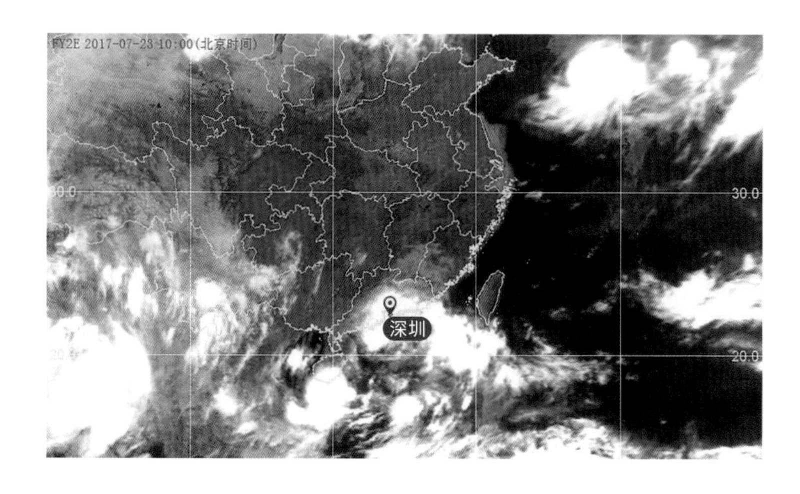

图 3-150　1707 号台风“洛克”云图

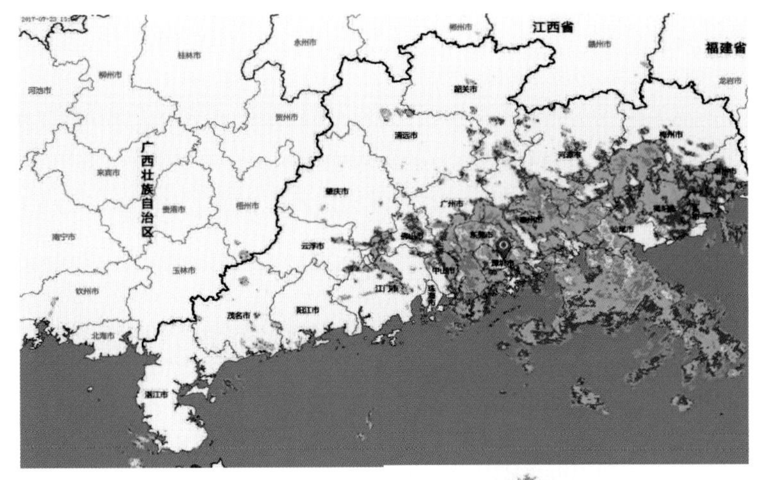

图 3-151　1707 号台风“洛克”雷达图

图 3-152　1707 号台风“洛克”影响深圳期间过程累积雨量分布图

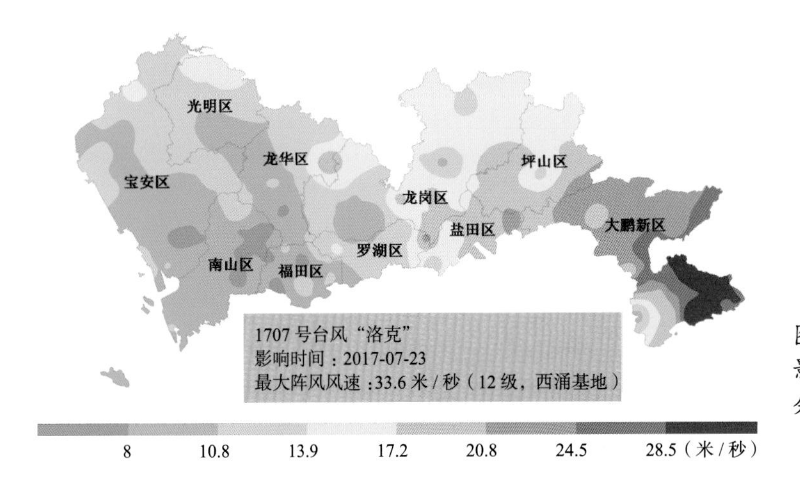

图 3-153　1707 号台风“洛克”影响深圳期间最大阵风风速分布图

台风“洛克”共造成盐田、大鹏和龙岗等区域树木倒伏 97 棵，造成一定程度的交通中断；龙岗区清平高速至水官高速匝道南侧山体边坡发生崩塌（宽约 10 米，高约 8 米），未对交通和人员造成影响；大鹏新区 4 名游客被困大网前石桥，成功获救。

3.1.33 “天鸽”（1713 号台风）

1713 号台风“天鸽”（Hato，超强台风级）来自太平洋，中心附近最大平均风速 52 米 / 秒，于 2017 年 8 月 23 日 12 时 50 分在广东珠海金湾登陆，登陆时中心附近最大风力 14 级。“天鸽”影响深圳的时间是 8 月 22—23 日，给深圳国家基本气象站带来过程雨量 60.6 毫米，最大日雨量 56.3 毫米，最大阵风风速 23.4 米 / 秒。

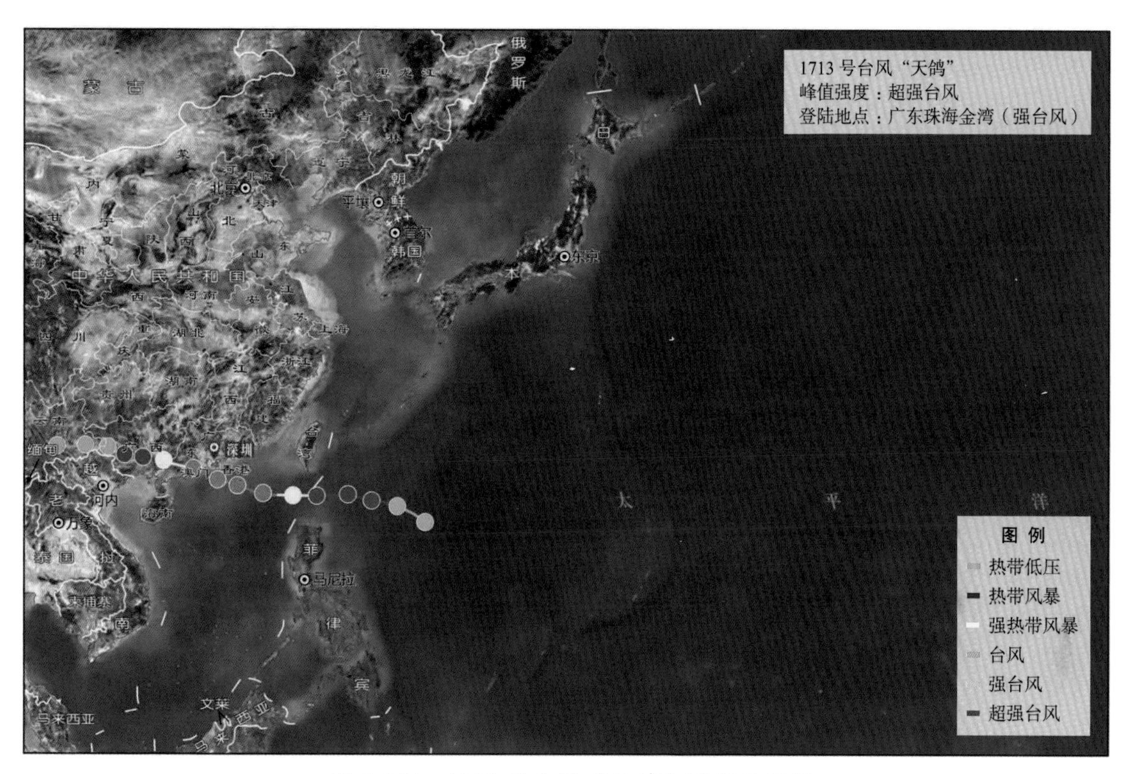

图 3-154　1713 号台风“天鸽”路径示意图

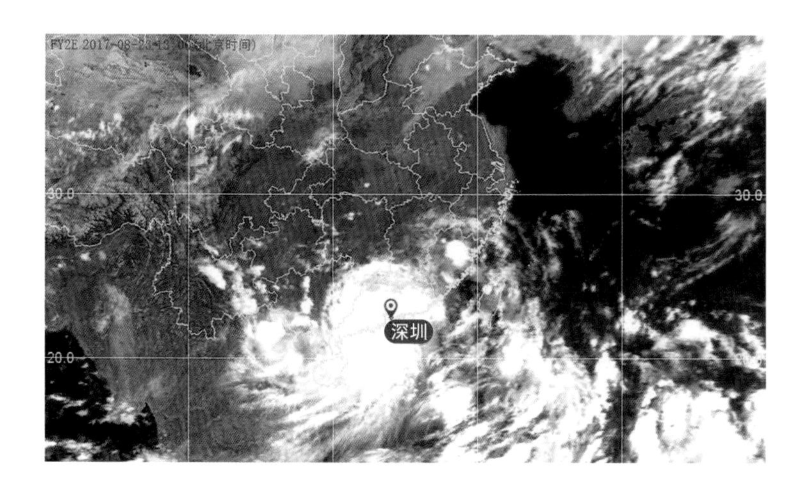

图 3-155　1713 号台风“天鸽”云图

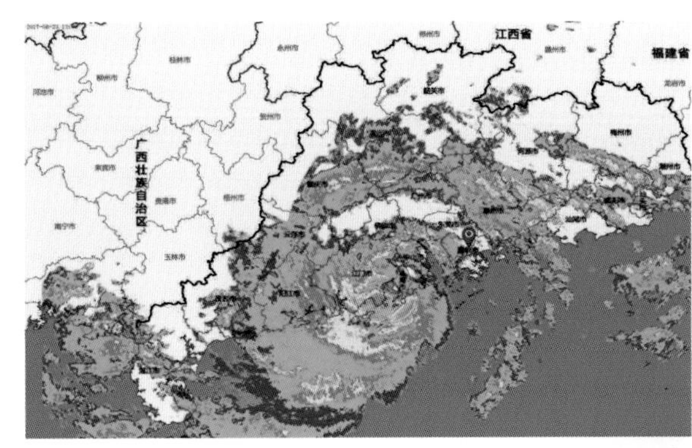

图 3-156 1713 号台风“天鸽”雷达图

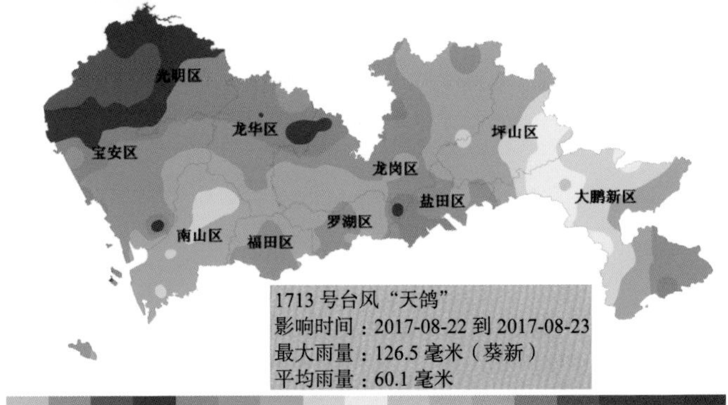

图 3-157 1713 号台风“天鸽”影响深圳期间过程累积雨量分布图

光明区
龙华区
宝安区
坪山区
龙岗区
盐田区
大鹏新区
罗湖区
南山区
福田区
1713 号台风“天鸽”
影响时间：2017-08-22 到 2017-08-23
最大阵风风速：39.4 米 / 秒（13 级，西涌基地）
8 10.8 13.9 17.2 20.8 24.5 28.5（米 / 秒）

图 3-158 1713 号台风“天鸽”影响深圳期间最大阵风风速分布图

图 3-159 1713 号台风“天鸽”给深圳南澳海滨带来巨浪（左），并造成大鹏新区葵涌办事处沙渔涌海水倒灌（右）（图片来源：互联网，其中右图来自深圳新闻网）

台风“天鸽”共造成深圳市转移 14 万人，6 名市民被风吹落的玻璃、铁板、脚手架、钢丝网等砸伤（2 人重伤），近 50 辆车受损，50 余处内涝积水，其中宝安区福永街道新和三区旧村积水导致 78 人被困；超过 2700 棵树木和部分市政设施受损，包括 28 条输电线路发生故障，户外广告牌 72 处受损，交通设施倾倒 14 个，公共场馆受损 1 个，路灯受损 21 个；风暴潮引起宝安西部排涝河、衙边涌局部河段出现漫堤，大鹏新区土洋上洞村海水倒灌。

3.1.34 “帕卡”（1714 号台风）

1714 号台风“帕卡”（Pakhar，强热带风暴级）来自太平洋，中心附近最大平均风速 30 米 / 秒，于 2017 年 8 月 27 日 09 时在广东江门台山登陆，登陆时中心附近最大风力 11 级。“帕卡”影响深圳的时间是 8 月 27—28 日，给深圳国家基本气象站带来过程雨量 144.9 毫米，最大日雨量 114.5 毫米，最大阵风风速 17.5 米 / 秒。

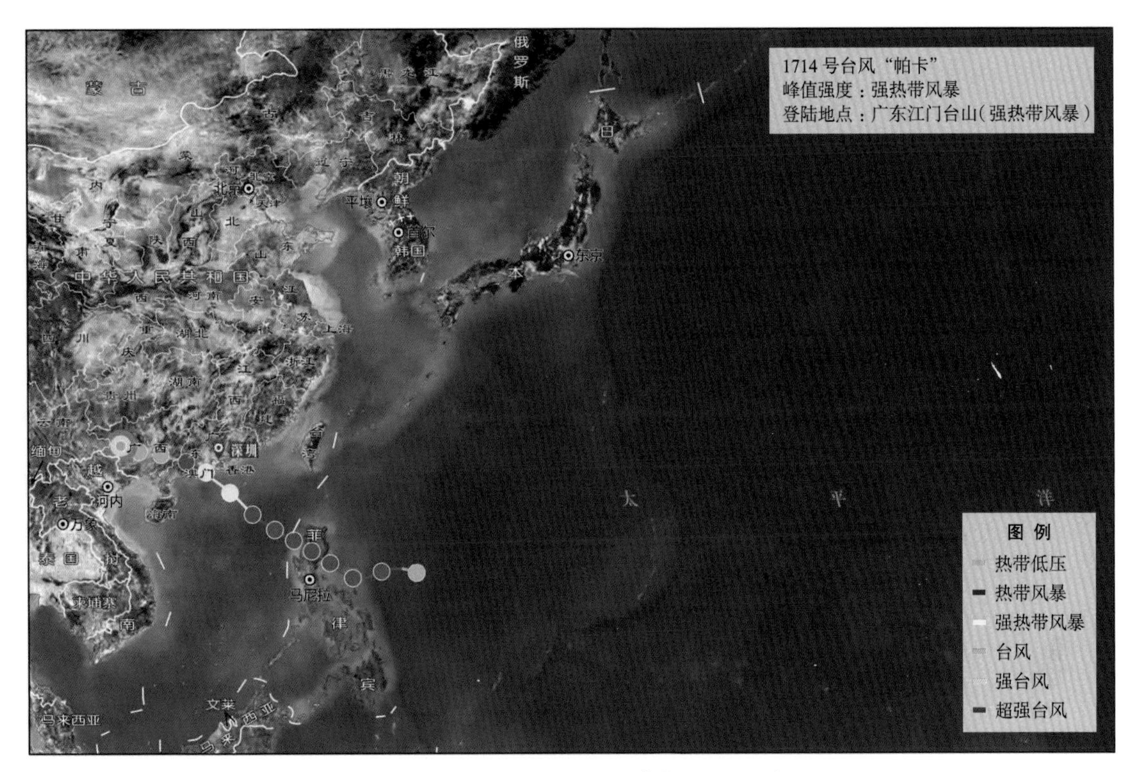

图 3-160　1714 号台风“帕卡”路径示意图

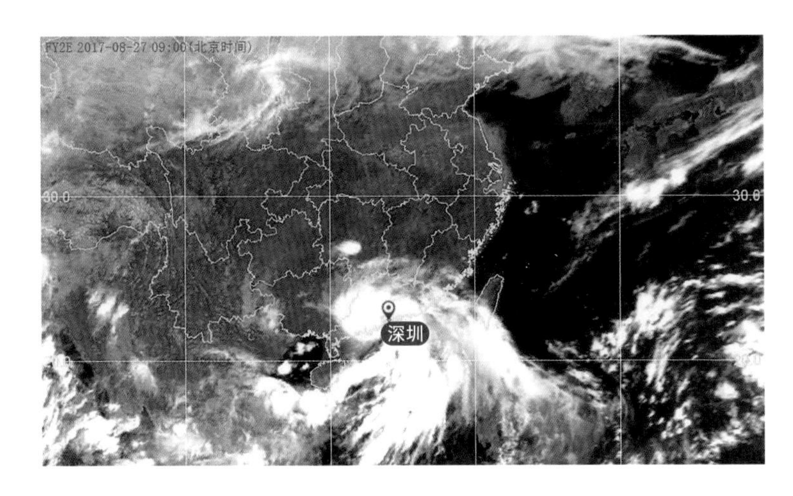

图 3-161　1714 号台风“帕卡”云图

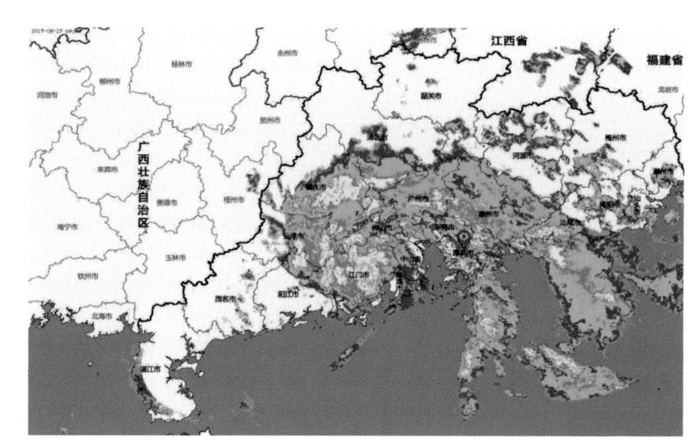

图 3-162　1714 号台风“帕卡”雷达图

图 3-163　1714 号台风“帕卡”影响深圳期间过程累积雨量分布图

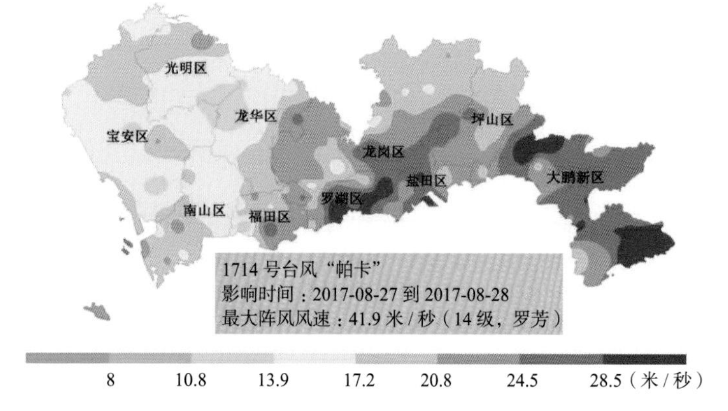

图 3-164　1714 号台风“帕卡”影响深圳期间最大阵风风速分布图

图 3-165　1714 号台风“帕卡”造成深圳树木倒伏（左），盐排高速盐田收费站雨棚顶帆布被暴风掀翻（右）（图片来源：新浪微博）

台风“帕卡”造成深圳全市 2591 棵树木倒伏，24 处户外广告牌受损，15 个交通设施倾倒，35 个路灯受损，53 辆汽车损毁，21 次供电中断。全市出现 35 处内涝积水，坪山区田坑水出现 1 处河堤坍塌，长约 10 米。取消航班 173 班次，长途客运班线停运线路 931 条，停运车辆 2203 辆，市内公交线路停运 100 条，公交车辆 1497 辆。

3.1.35　“玛娃”（1716 号台风）

1716 号台风“玛娃”（Mawar，强热带风暴级）来自南海，中心附近最大平均风速 25 米 / 秒，于 2017 年 9 月 3 日 21 时 30 分在广东汕尾登陆，登陆时中心附近最大风力 8 级。“玛娃”影响深圳的时间是 9 月 3—4 日，给深圳国家基本气象站带来过程雨量 87.3 毫米，最大日雨量 82.4 毫米，最大阵风风速 14.4 米 / 秒。

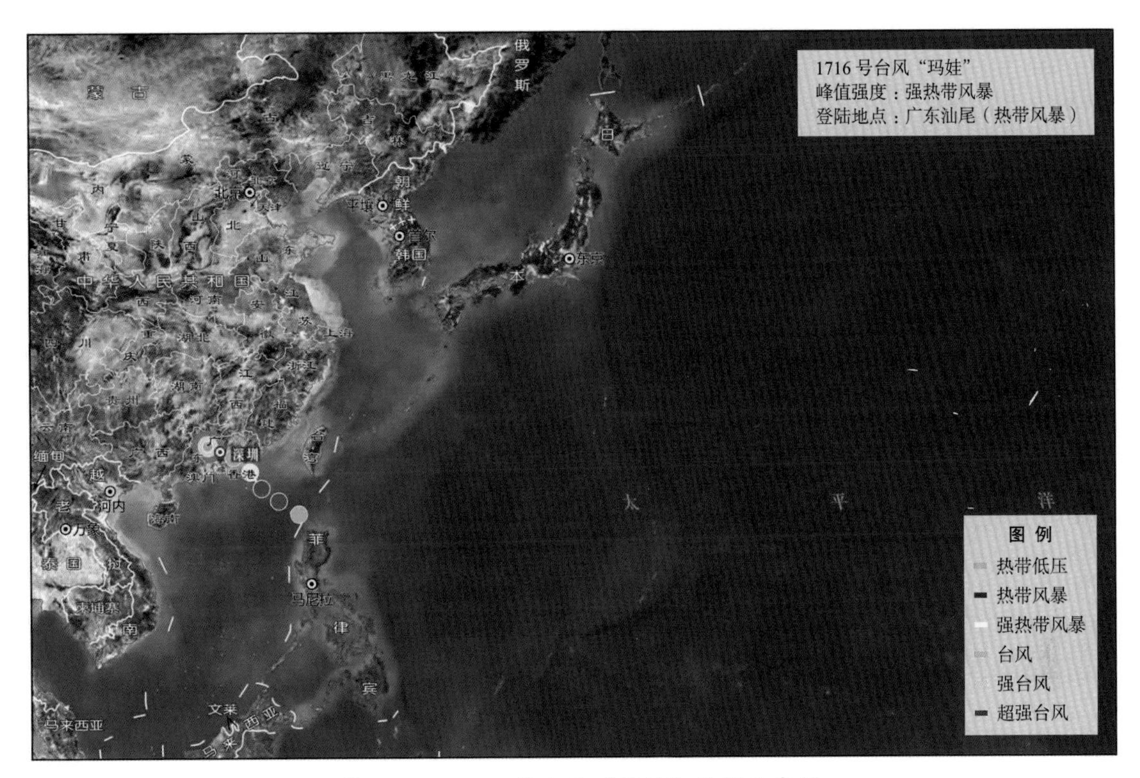

图 3-166　1716 号台风“玛娃”路径示意图

图 3-167　1716 号台风“玛娃”云图

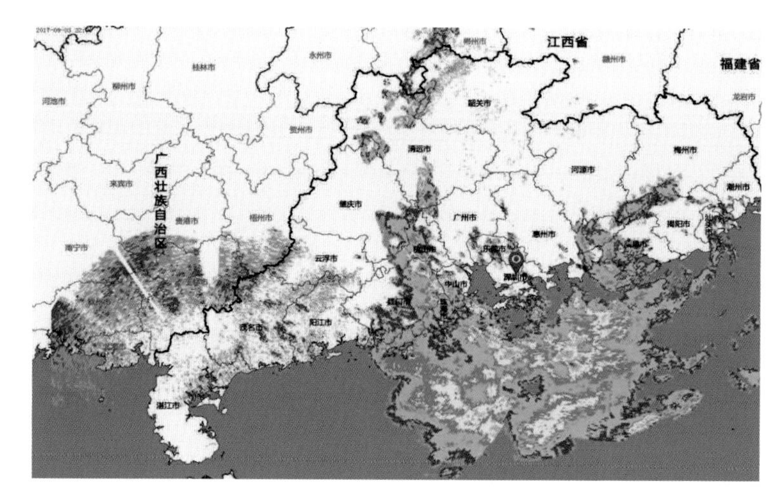

图 3-168　1716 号台风“玛娃”雷达图

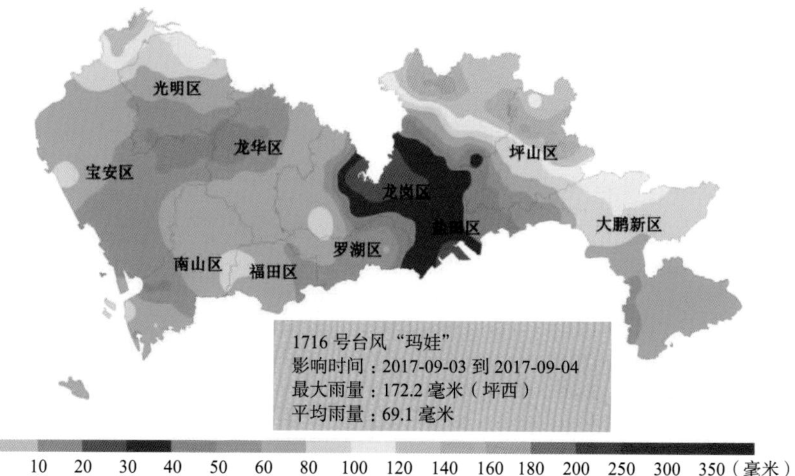

图 3-169　1716 号台风“玛娃”影响深圳期间过程累积雨量分布图

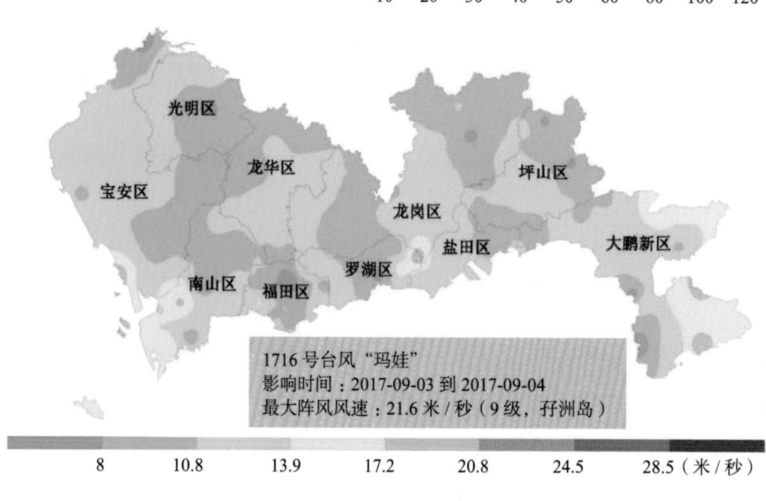

图 3-170　1716 号台风“玛娃”影响深圳期间最大阵风风速分布图

台风“玛娃”影响深圳期间共造成全市约 10 处积水报告，平均积水深度 0.1 ~ 0.3 米。广铁集团停运 9 月 3 日杭深线动车组列车，深圳机场进出港航班受到一定影响，部分航班取消或不同程度延误。

3.1.36 “卡努”（1720号台风）

1720号台风“卡努”（Khanun，强台风级）来自太平洋，中心附近最大平均风速42米/秒，于2017年10月16日3时25分在广东徐闻登陆，登陆时中心附近最大风力10级。“卡努”影响深圳的时间是10月14—16日，给深圳国家基本气象站带来过程雨量64.4毫米，最大日雨量40.0毫米，最大阵风风速20.3米/秒。

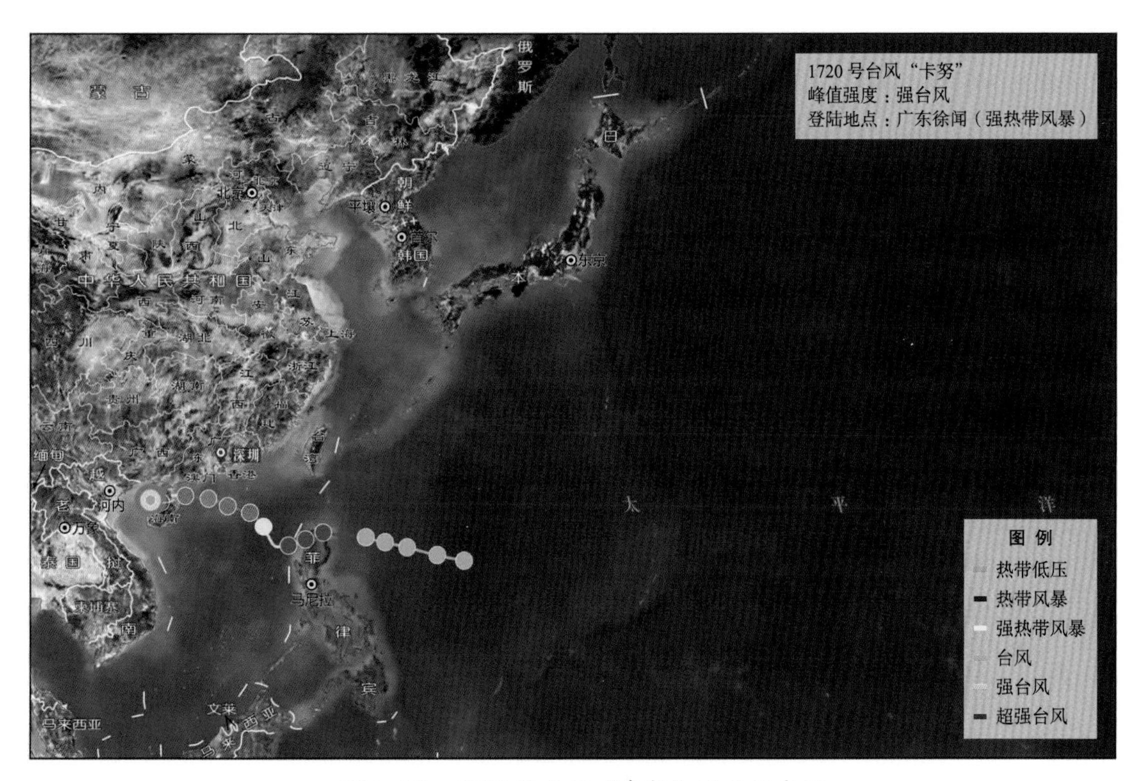

图3-171　1720号台风“卡努”路径示意图

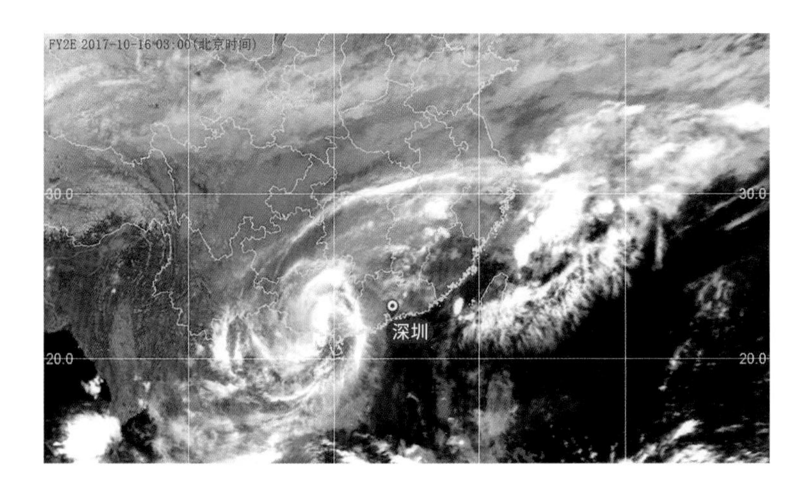

图3-172　1720号台风“卡努”云图

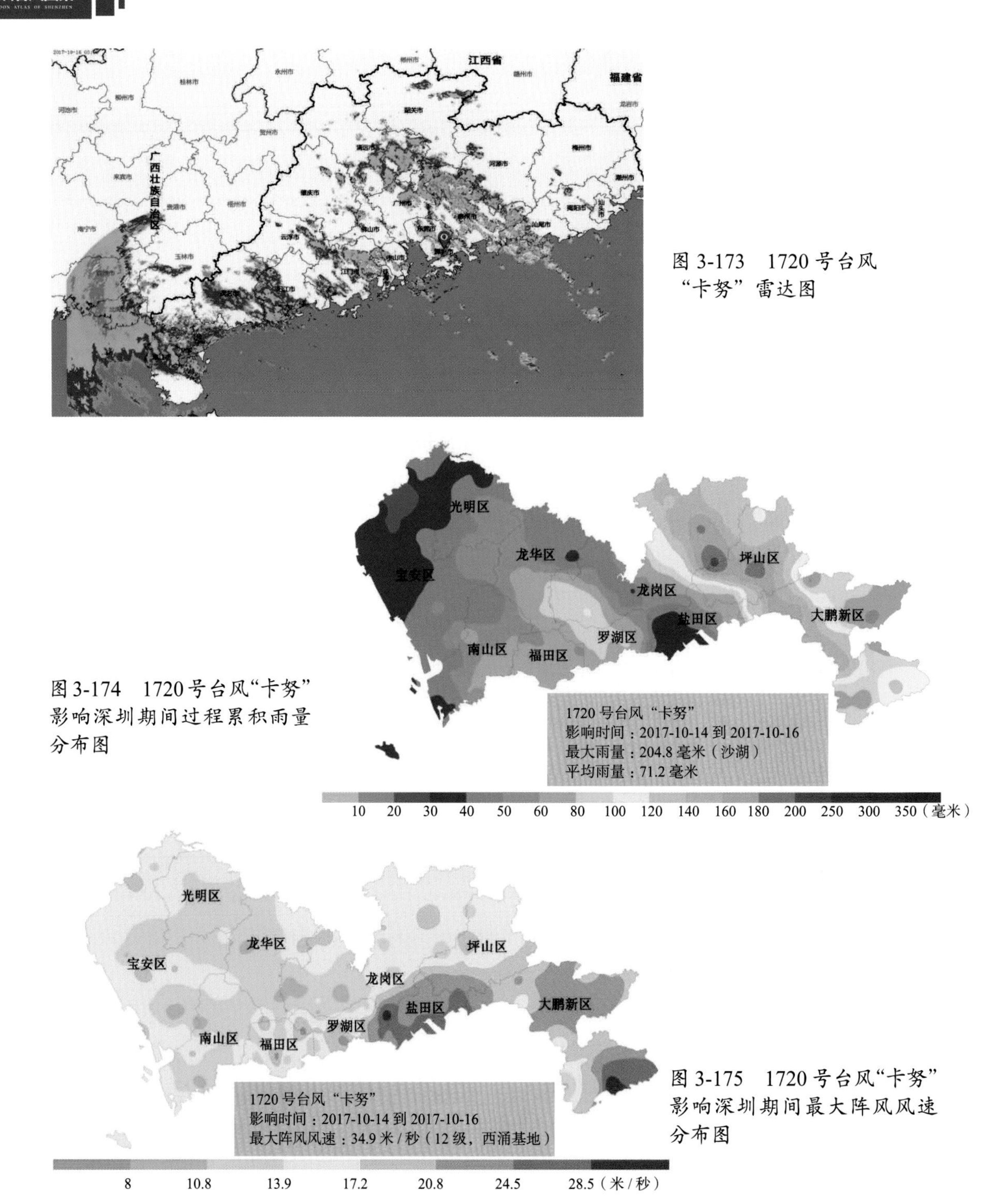

图 3-173　1720 号台风“卡努”雷达图

图 3-174　1720 号台风“卡努”影响深圳期间过程累积雨量分布图

图 3-175　1720 号台风“卡努”影响深圳期间最大阵风风速分布图

台风“卡努”影响深圳期间全市接报数木倒伏 72 棵，大鹏新区护栏倒伏 10 起，光明新区供电中断 1 条（次），约 10 处路段受短时强降雨影响出现短时积水。另造成中山港往返深圳机场航班全部停航，深圳机场码头往返澳门氹仔码头部分船班取消。

3.1.37 “艾云尼”（1804号台风）

1804号台风“艾云尼”（Ewiniar，热带风暴级）来自南海，中心附近最大平均风速23米/秒，三次登陆我国，第一次是2018年6月6日06时25分在广东湛江徐闻登陆，第二次是6月6日14时50分在海南海口登陆，第三次是6月7日20时30分在广东阳江海陵岛登陆，登陆时中心附近最大风力均为8级。“艾云尼”影响深圳的时间是6月6—8日，给深圳国家基本气象站带来过程雨量260.7毫米，最大日雨量97.2毫米，最大阵风风速8.8米/秒。

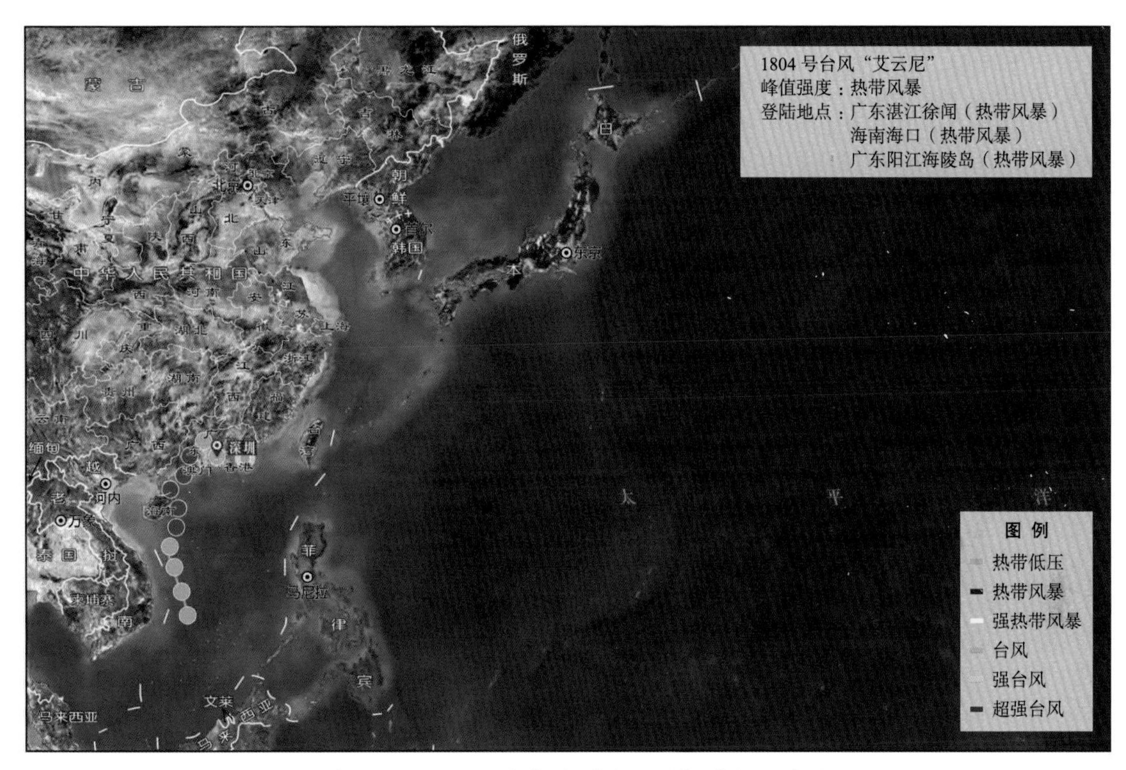

图 3-176　1804号台风“艾云尼”路径示意图

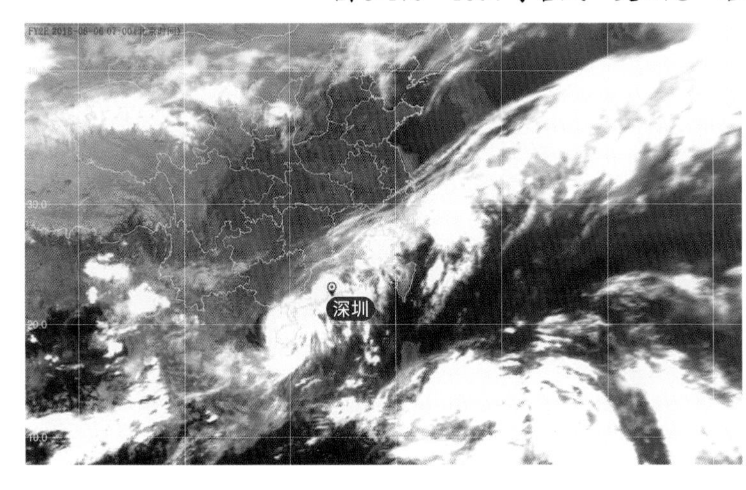

图 3-177　1804号台风“艾云尼”云图

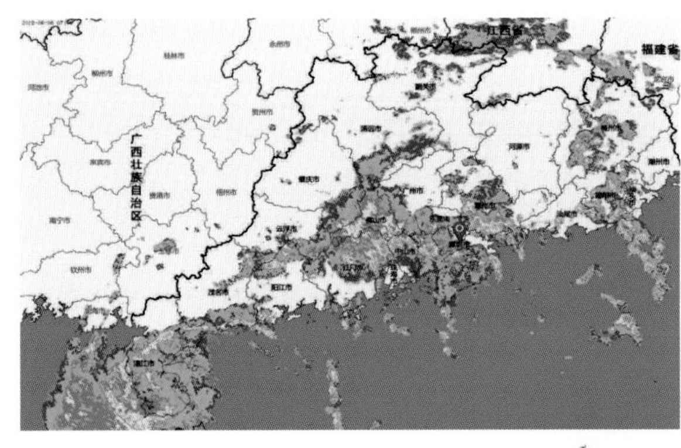

图 3-178　1804 号台风“艾云尼”雷达图

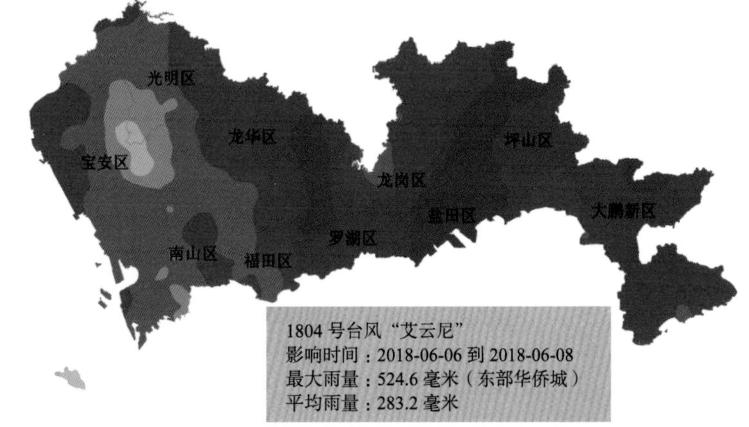

图 3-179　1804 号台风“艾云尼”影响深圳期间过程累积雨量分布图

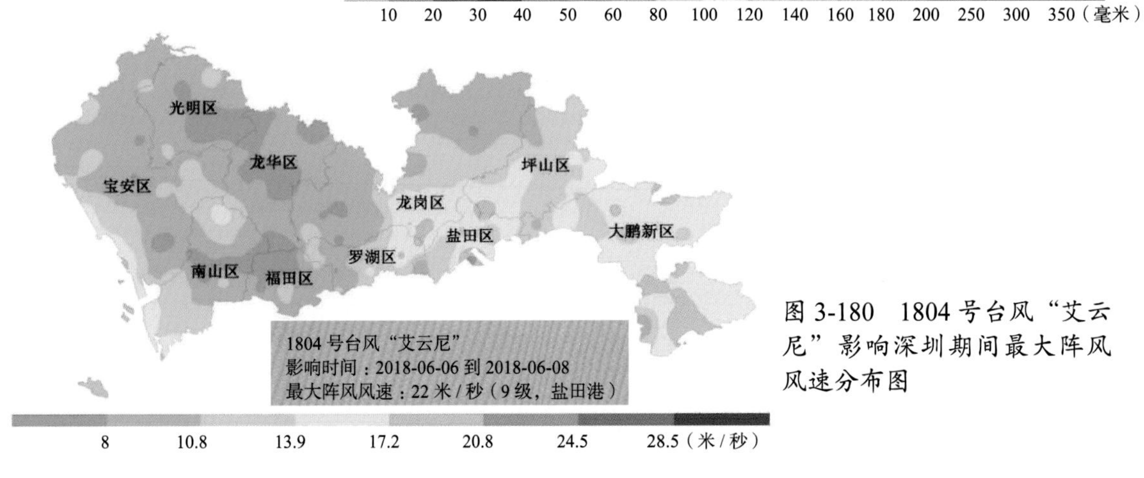

图 3-180　1804 号台风“艾云尼”影响深圳期间最大阵风风速分布图

台风“艾云尼”影响深圳期间，全市累计收到 226 处积水报告，大部分积水深度 30 ~ 50 厘米，部分地区达到 70 ~ 100 厘米，最深 1.5 米，对市内交通产生较大影响。平湖街道顺昌街附近一酒楼门外雨棚因暴雨突然倒塌，坍塌事件共造成 6 人被压，其中 4 人死亡（后续调查结论为意外事故，不属于气象灾害引起）。此外还出现 7 处坍塌事故，3 处河岸（河提）滑坡、河堤坍塌、掏空等险情，另有部分树木倒伏。深圳机场航班大面积延误，因天气原因取消进出港航班 84 个，广深线部分列车出现不同程度晚点或停运。

3.1.38 “山神”（1809 号台风）

1809 号台风“山神”（Son-Tinh，热带风暴级）来自太平洋，中心附近最大平均风速 23 米 / 秒，于 2018 年 7 月 18 日 04 时 50 分在海南万宁登陆，登陆时中心附近最大风力 9 级。“山神”影响深圳的时间是 7 月 18 日，给深圳国家基本气象站带来过程雨量 50.7 毫米，最大日雨量 50.7 毫米，最大阵风风速 11.1 米 / 秒。

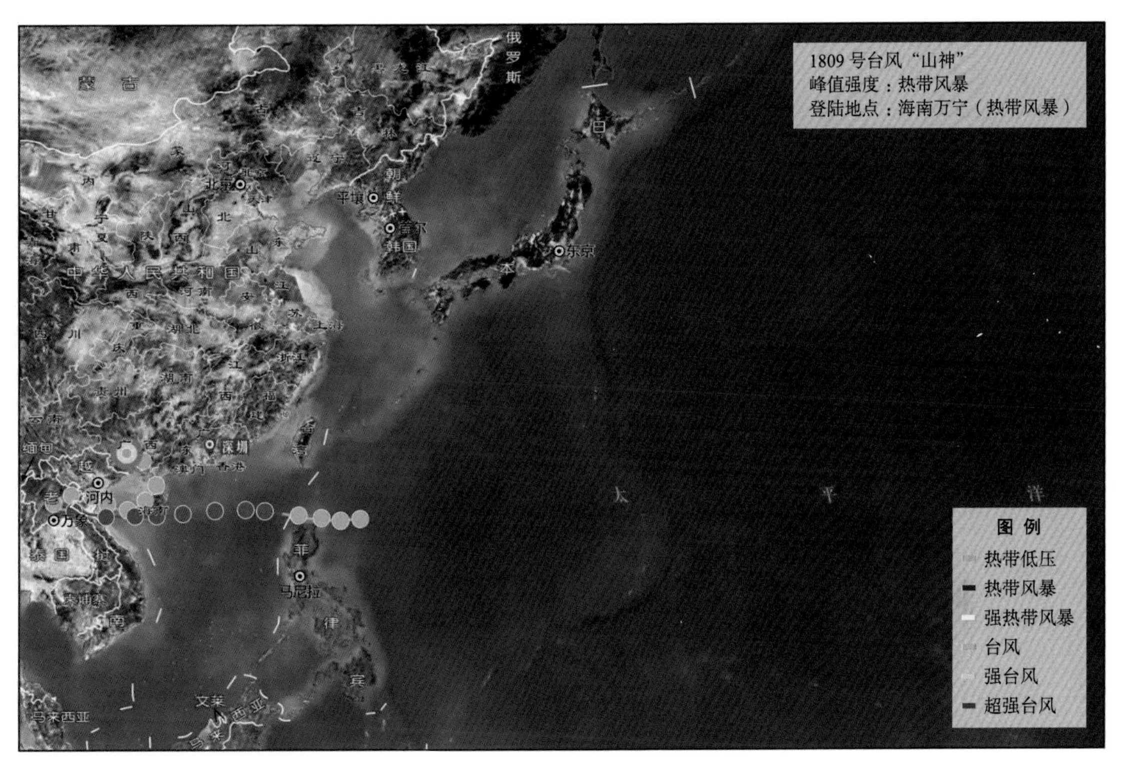

图 3-181　1809 号台风“山神”路径示意图

图 3-182　1809 号台风“山神”云图

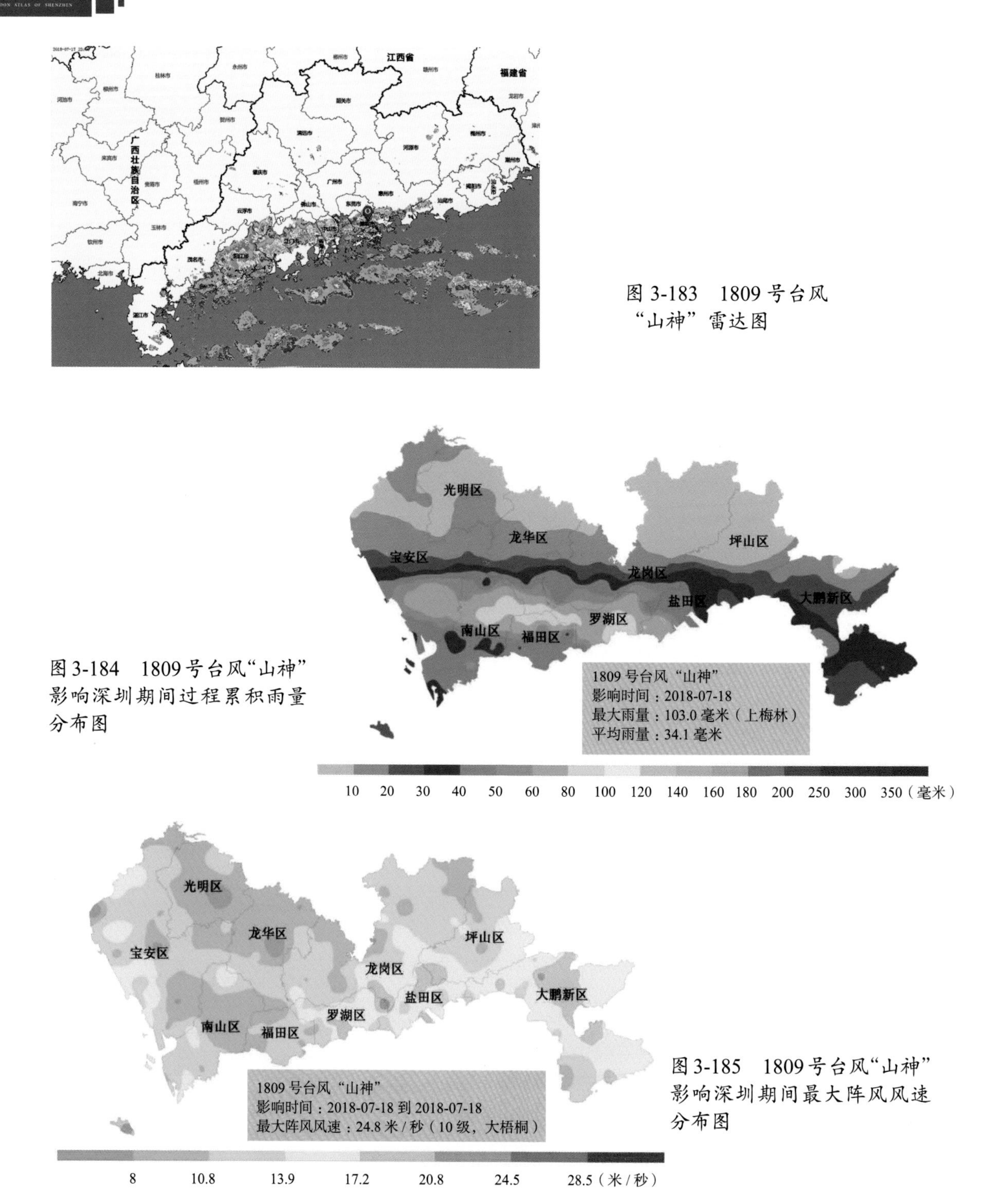

图3-183　1809号台风“山神”雷达图

图3-184　1809号台风“山神”影响深圳期间过程累积雨量分布图

图3-185　1809号台风“山神”影响深圳期间最大阵风风速分布图

台风“山神”影响深圳期间，共收到6处积水报告，积水深度基本在30～40厘米，最深积水深度达80厘米；南山丽城新围工业区河堤、龙华大水坑水河堤倒塌，均得到及时有效处置，未接到人员伤亡报告。

3.1.39 “贝碧嘉”（1816 号台风）

1816 号台风“贝碧嘉”（Bebinca，强热带风暴级）来自南海，中心附近最大平均风速 28 米 / 秒，“贝碧嘉”路径曲折，三次登陆我国，第一次是 2018 年 8 月 10 日 09 时在海南琼海登陆，第二次是 8 月 11 日 10 时 35 分在广东阳江海陵岛登陆，第三次是 8 月 15 日 21 时 40 分在广东雷州登陆，登陆时中心附近最大风力依次为 7 级、7 级和 9 级。“贝碧嘉”影响深圳的时间是 8 月 9—15 日，给深圳国家基本气象站带来过程雨量 129.9 毫米，最大日雨量 45.3 毫米，最大阵风风速 10.8 米 / 秒。

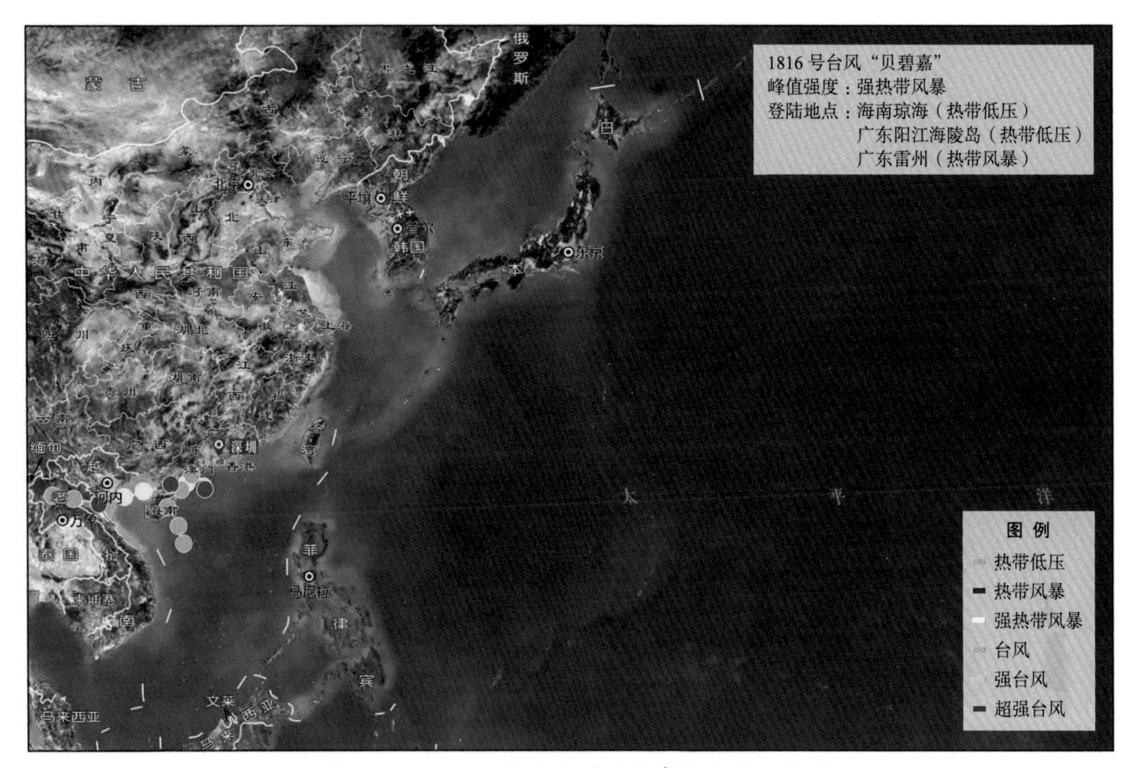

图 3-186 1816 号台风“贝碧嘉”路径示意图

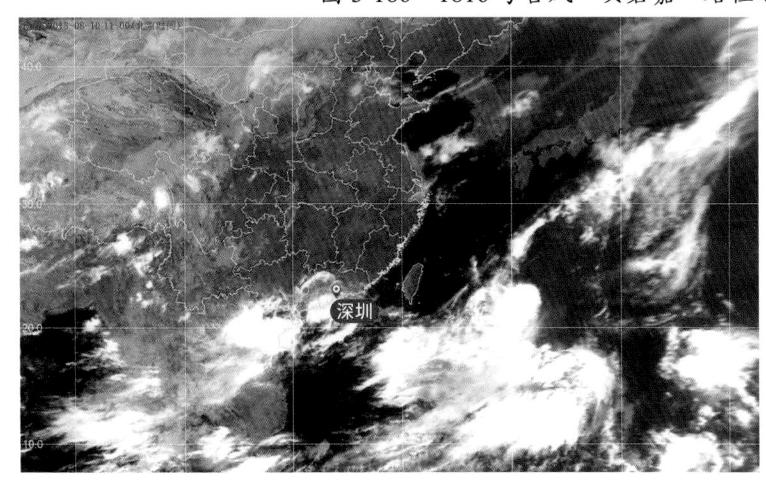

图 3-187 1816 号台风“贝碧嘉”云图

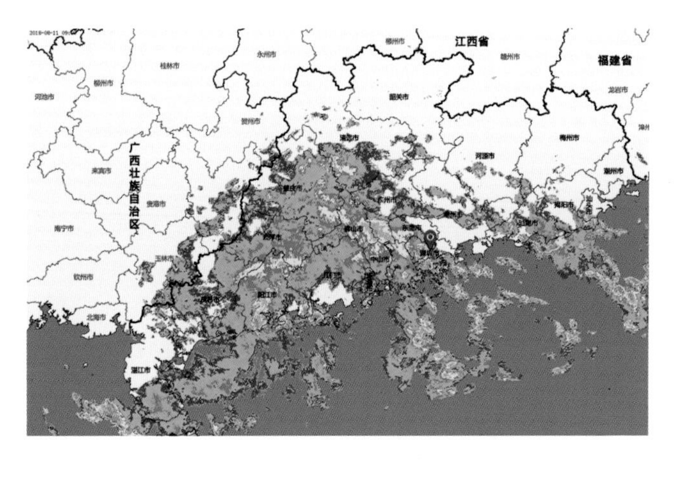

图 3-188　1816 号台风“贝碧嘉”雷达图

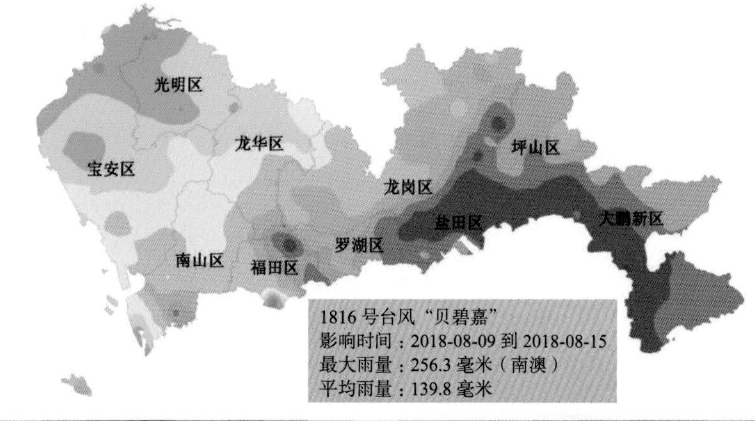

图 3-189　1816 号台风“贝碧嘉”影响深圳期间过程累积雨量分布图

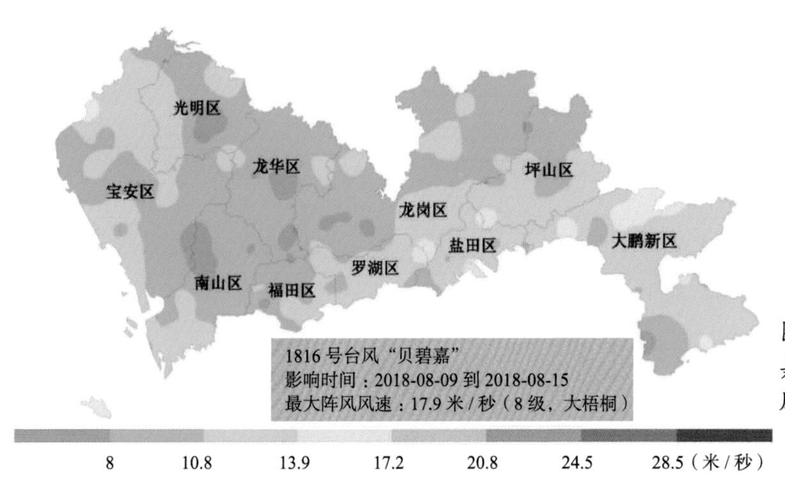

图 3-190　1816 号台风“贝碧嘉”影响深圳期间最大阵风风速分布图

台风“贝碧嘉”影响深圳期间，降雨较为平缓，以间隙性降雨为主，全市总体汛情平稳，未收到重大灾情和因灾造成的人员伤亡报告以及道路积水报告，全市 161 宗水库均在汛限水位以下安全运行。

3.1.40 “山竹”（1822号台风）

1822号台风“山竹”（Mangkhut，超强台风级）来自太平洋，中心附近最大平均风速65米/秒，于2018年9月16日17时在广东江门市台山登陆，登陆时中心附近最大风力14级。“山竹”影响深圳的时间是9月16—17日，给深圳国家基本气象站带来过程雨量225.5毫米，最大日雨量173.5毫米，最大阵风风速30米/秒。

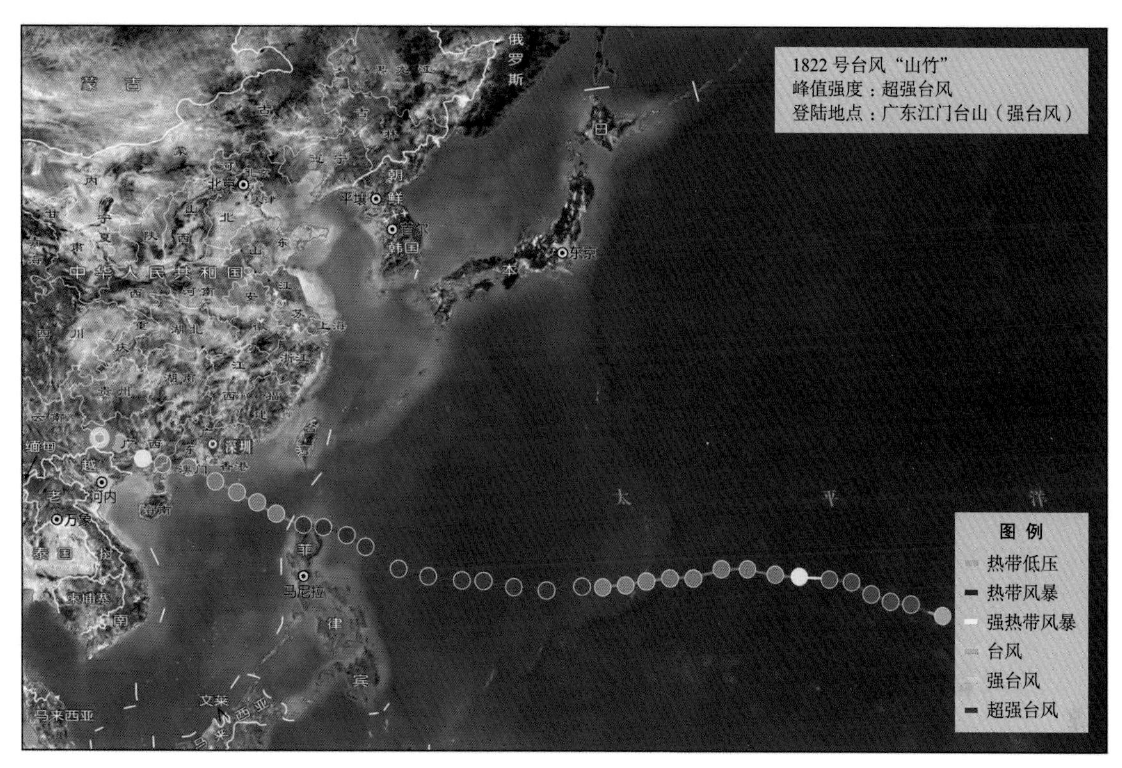

图3-191　1822号台风“山竹”路径示意图

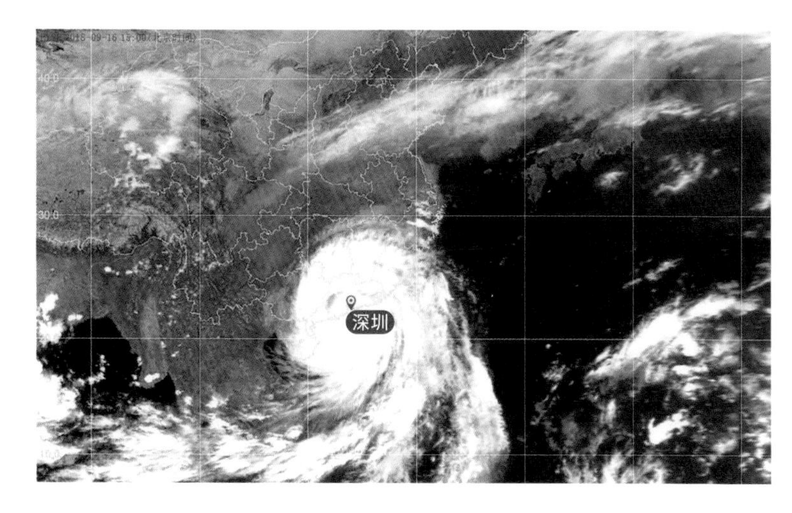

图3-192　1822号台风“山竹”云图

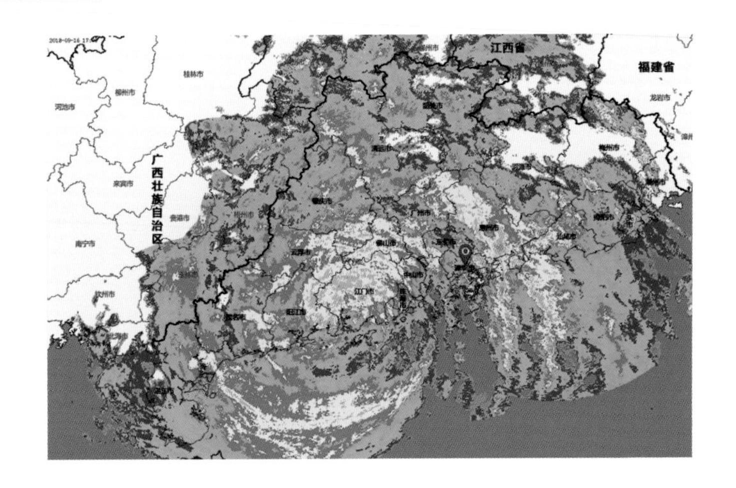

图 3-193　1822 号台风“山竹”雷达图

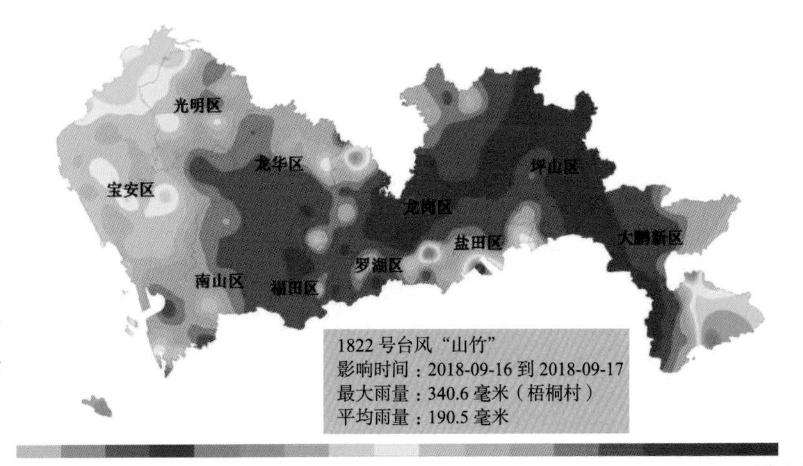

图 3-194　1822 号台风“山竹”影响深圳期间过程累积雨量分布图

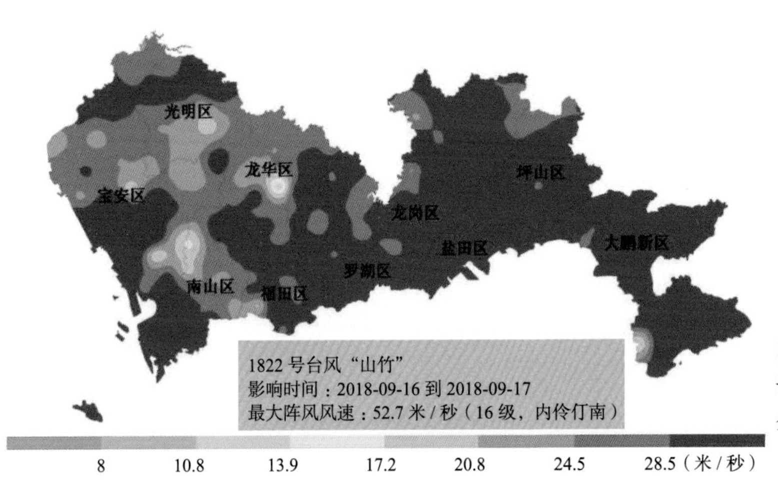

图 3-195　1822 号台风“山竹”影响深圳期间最大阵风风速分布图

图 3-196　1822 号台风“山竹”肆虐后的深圳（图片来源：新浪微博）

台风“山竹”共造成深圳 2 人受伤，无人因灾死亡。惠州 1 艘工程船（海洋石油 202）走锚漂移至深圳市大鹏澳水域，船体稳定，人员安全。大鹏新区葵涌下洞河等 11 个社区多处以及盐田区金色海岸码头等地出现海水倒灌，紧急转移约 1500 多人。深圳电网 10 千伏线路累积停电 466 条次，13.8 万户受影响。全市接报内涝积水 80 余处，积水水深 0.2 ~ 0.5 米。公共场馆受损 104 个，公共交通标识受损 97 个，户外广告牌受损 122 个，路灯损毁 68 个，车辆损毁 94 辆，树木倒伏 8074 棵。共发生次生灾害 13 起，包括边坡垮塌 1 起，路面坍塌 7 起，在建工地围挡倒塌 5 起。此外，盐田国际码头堆场、大铲湾码头和招商港部分集装箱被吹倒，金色海岸码头 1 号泊位浮桥部分断裂，部分码头建筑被掀顶。

3.2 2008年以前对深圳影响严重的台风

3.2.1 “温迪”（5706 号台风）

5706 号台风“温迪”（Wendy，强台风级）来自太平洋，中心附近最大平均风速 50 米 / 秒，于 1957 年 7 月 16 日 22—23 时在广东惠阳—宝安登陆，登陆时中心附近最大风力 11 级。“温迪”影响宝安的时间是 7 月 16—18 日，带来连续 2 天的暴雨和大暴雨，深圳国家基本气象站记录到最大日雨量 185.5 毫米，过程雨量 281.0 毫米，最大平均风速 19 米 / 秒（8 级），最大阵风风速 22 米 / 秒（9 级）。具体灾情不详。

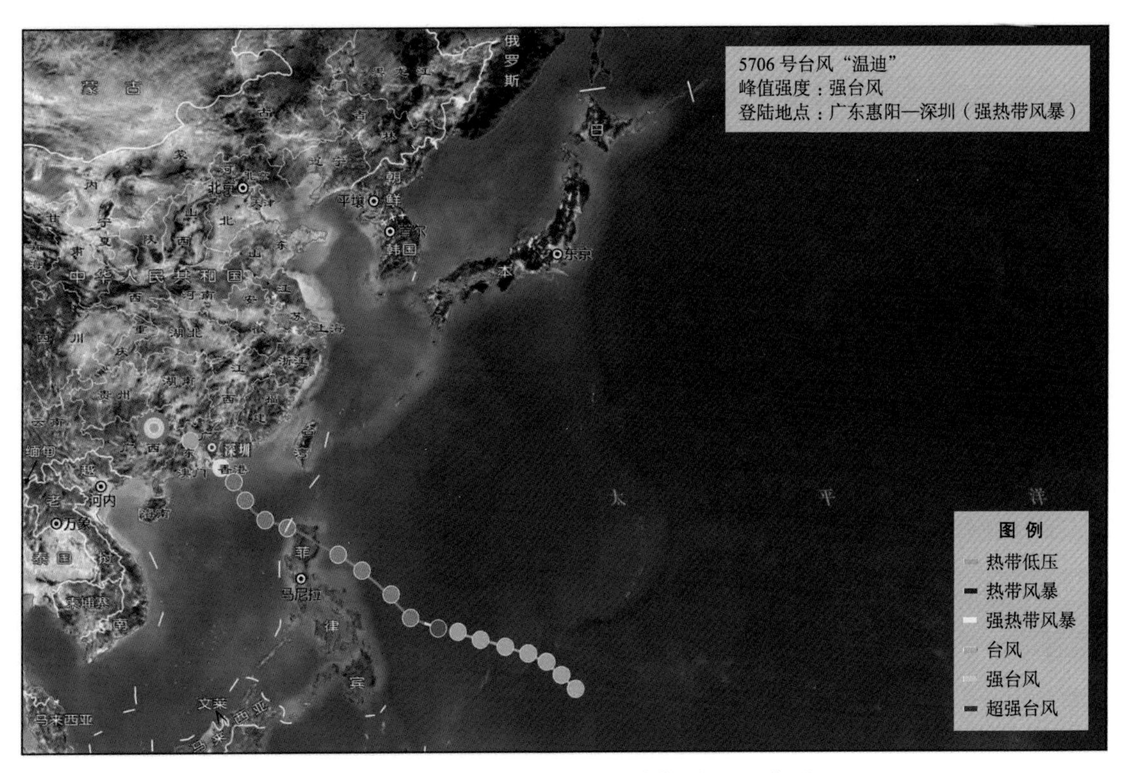

图 3-197　5706 号台风“温迪”路径示意图

3.2.2 “格洛丽亚”（5714 号台风）

5714 号台风“格洛丽亚”（Gloria，强台风级）来自太平洋，中心附近最大平均风速 45 米 / 秒，于 1957 年 9 月 22 日 21 时在澳门登陆，登陆时中心附近最大风力 14 级。“格洛丽亚”影响宝安的时间是 9 月 22—23 日，带来连续 2 天的大暴雨，深圳国家基本气象站记录到最大日雨量 167.9 毫米，过程雨量 285.6 毫米，最大平均风速达 24 米 / 秒（9 级）。

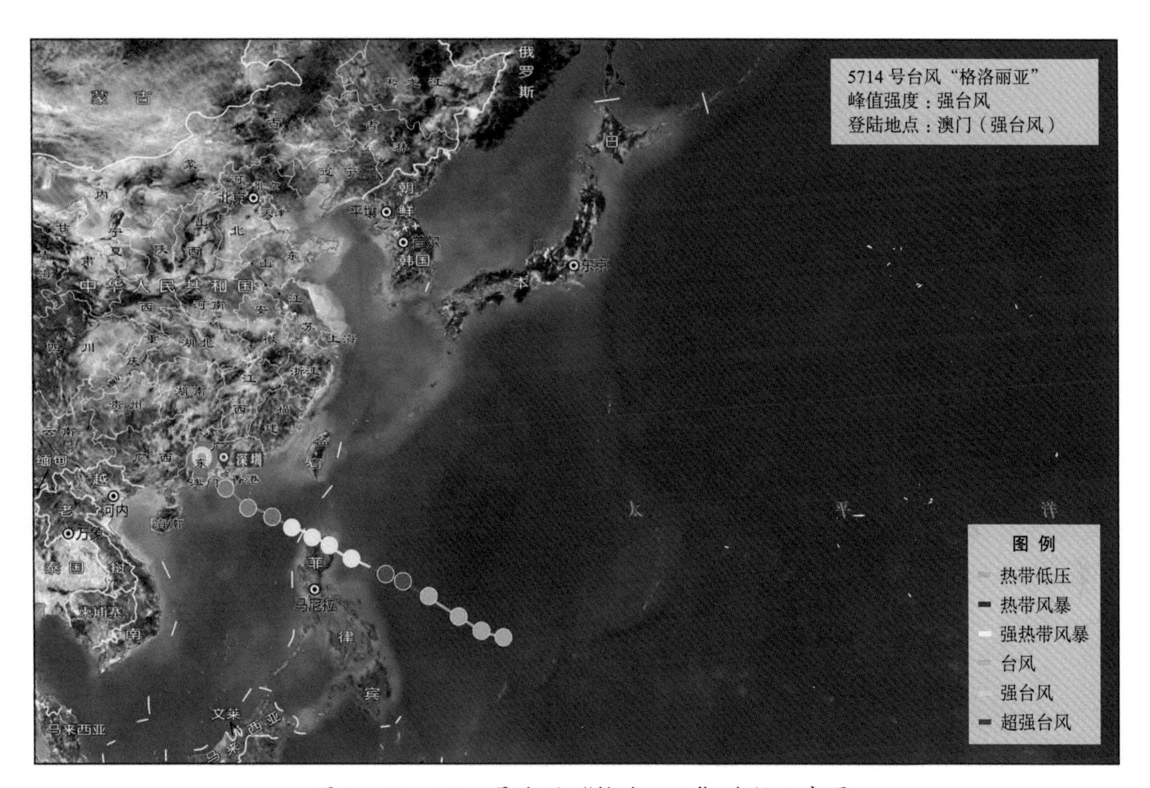

图 3-198　5714 号台风“格洛丽亚”路径示意图

台风“格洛丽亚”造成宝安县（现深圳市）受浸水稻 80492 亩[①]，倒塌房屋 639 间，决堤 133 次，因房屋倒塌和沉船死亡 5 人、伤 6 人，折断果树 121 株、木瓜 24906 株，损失木薯 3558 亩。

① 1亩≈666.67平方米。

3.2.3 “玛丽”（6001 号台风）

6001 号台风“玛丽”（Mary，强台风级）来自南海，中心附近最大平均风速 45 米 / 秒，于 1960 年 6 月 9 日 03 时在香港登陆，登陆时中心附近最大风力 12 级。“玛丽”影响宝安的时间是 6 月 6—9 日，带来连续 2 天的暴雨和大暴雨，深圳国家基本气象站记录到最大日雨量 247.4 毫米，过程雨量 354.7 毫米，最大平均风速达 34 米 / 秒（12 级），最大阵风风速＞ 40 米 / 秒（超出当时仪器记录极限）。

宝安县遭受自新中国成立 10 年以来最严重的台风、洪水的袭击。宝安水库水位升高至 22.71 米，主坝坝身明显渗水，局部发生塌坡，坝面出现纵横向裂缝，坝基渗漏管涌沙沸，情况危急，在省、县水利部门采取有效补救措施后，消除了险情。降雨还导致大批建筑物、农作物被毁，牲畜淹死无数，具体灾情不详。

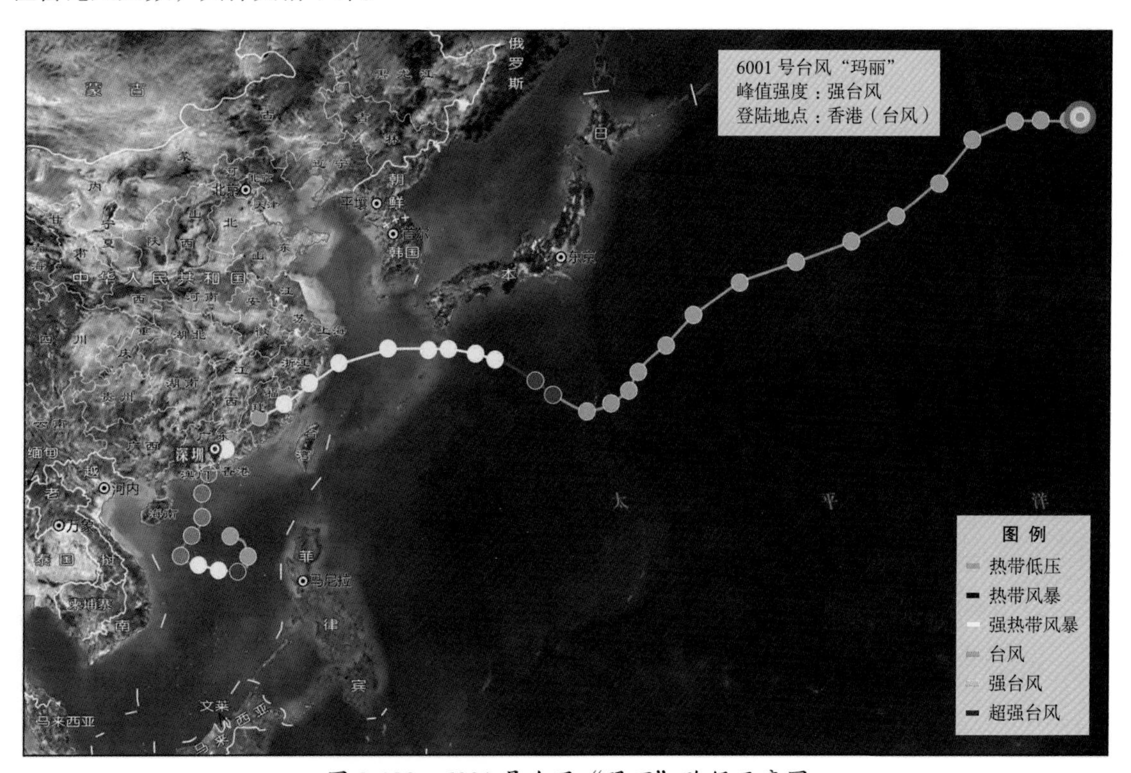

图 3-199　6001 号台风“玛丽”路径示意图

图 3-200　宝安县遭受自新中国成立 10 年以来最严重的台风、洪水的袭击

3.2.4 “奥尔加”（6121 号台风）

6121 号台风“奥尔加”（Olga，台风级）来自太平洋，中心附近最大平均风速 35 米 / 秒，于 1961 年 9 月 10 日 01—02 时在广东海丰—惠东登陆，登陆时中心附近最大风力 12 级。“奥尔加”影响宝安的时间是 9 月 9—10 日，带来大暴雨，深圳国家基本气象站记录到最大日雨量 133.2 毫米，过程雨量 154.1 毫米，最大平均风速 18 米 / 秒（8 级）。具体灾情不详。

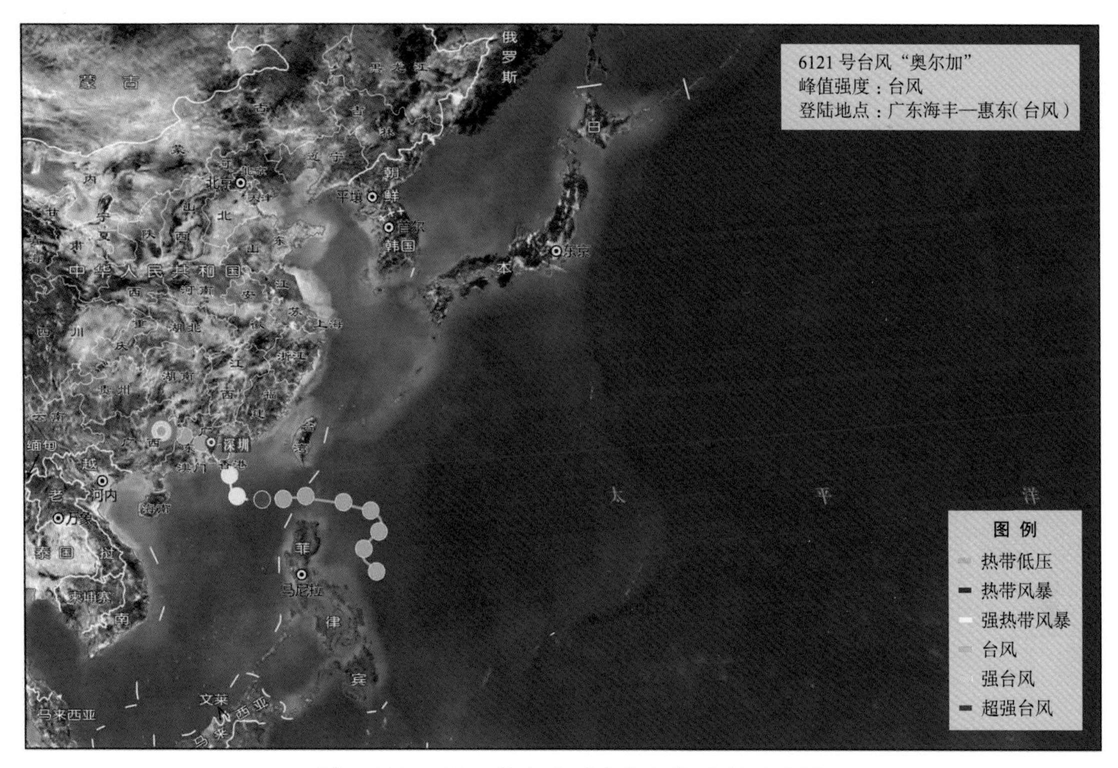

图 3-201　6121 号台风“奥尔加”路径示意图

3.2.5 “旺达”（6213 号台风）

6213 号台风“旺达”（Wanda，强台风级）来自太平洋，中心附近最大平均风速 50 米 / 秒，于 1962 年 9 月 1 日在香港登陆，登陆时中心附近最大风力 12 级。“旺达”影响宝安的时间是 8 月 31 日—9 月 3 日，带来连续 2 天的暴雨，深圳国家基本气象站记录到最大日雨量 93.7 毫米，过程雨量 203.3 毫米，最大平均风速 28 米 / 秒（10 级）。具体灾情不详。

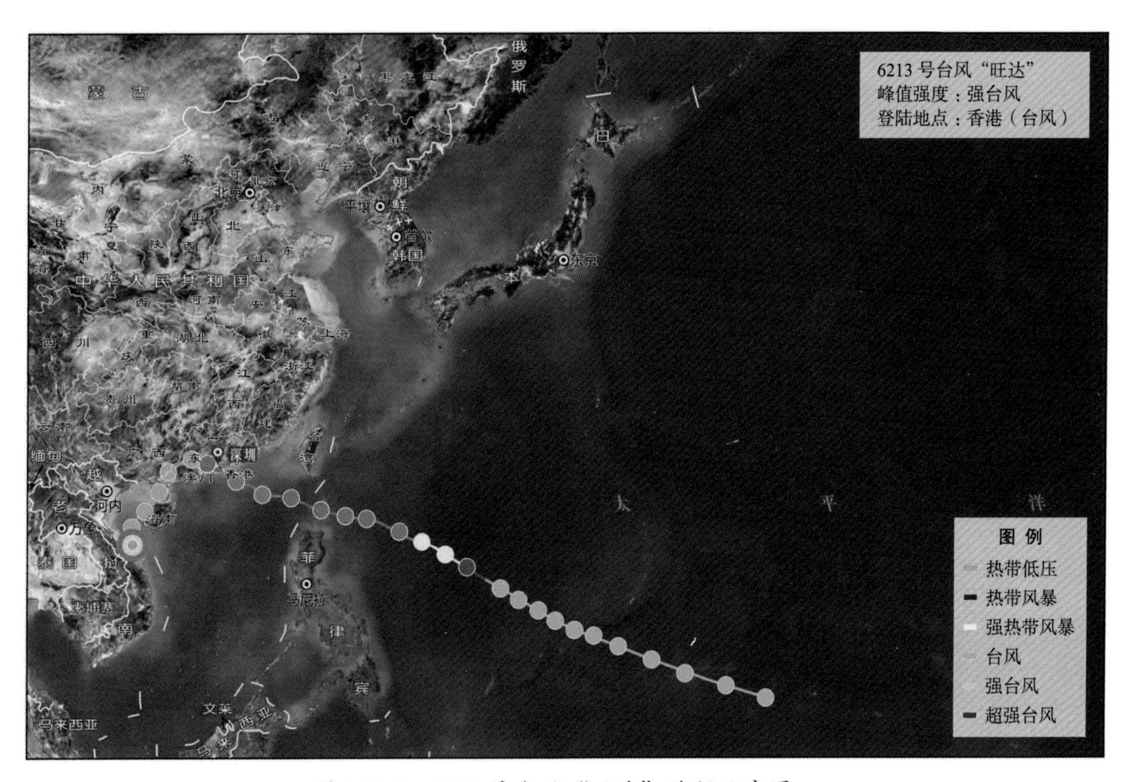

图 3-202　6213 号台风“旺达”路径示意图

3.2.6 “维奥拉”（6402 号台风）

6402 号台风“维奥拉”（Viola，台风级）来自南海，中心附近最大平均风速 35 米 / 秒，于 1964 年 5 月 28 日 08 时在广东珠海市斗门登陆，登陆时中心附近最大风力 11 级。“维奥拉”影响宝安的时间是 5 月 27—28 日，带来大暴雨，深圳国家基本气象站记录到最大日雨量 209.1 毫米，过程雨量 234.7 毫米，最大平均风速 20 米 / 秒（8 级）。

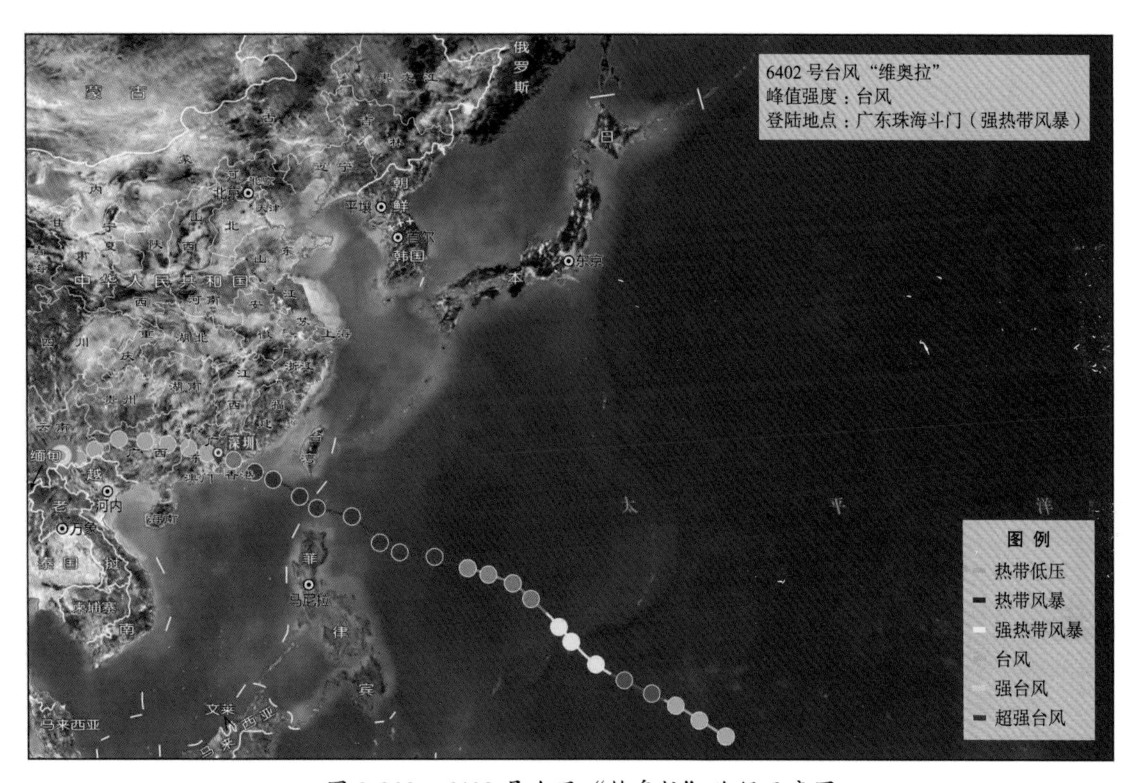

图 3-203　6402 号台风“维奥拉”路径示意图

台风“维奥拉”造成宝安县西乡至沙井发生海潮，海堤全面受浸。宝安全县受浸水稻 140791 亩，吹倒果树 7 万棵，房屋倒塌 587 间，受损 5251 间。经济损失约 420 万元。

图 3-204　台风“维奥拉”过程中受灾的农作物（左）和倒塌的房屋（右）

3.2.7 “艾达”（6411 号台风）

6411 号台风“艾达”（Ida，超强台风级）来自太平洋，中心附近最大平均风速 85 米 / 秒，于 1964 年 8 月 9 日 01 时在澳门登陆，登陆时中心附近最大风力 12 级。“艾达”影响宝安的时间是 8 月 8—11 日，带来连续 2 天的暴雨，深圳国家基本气象站记录到最大日雨量 76.2 毫米，过程雨量 151.9 毫米，最大平均风速 34 米 / 秒（12 级）。

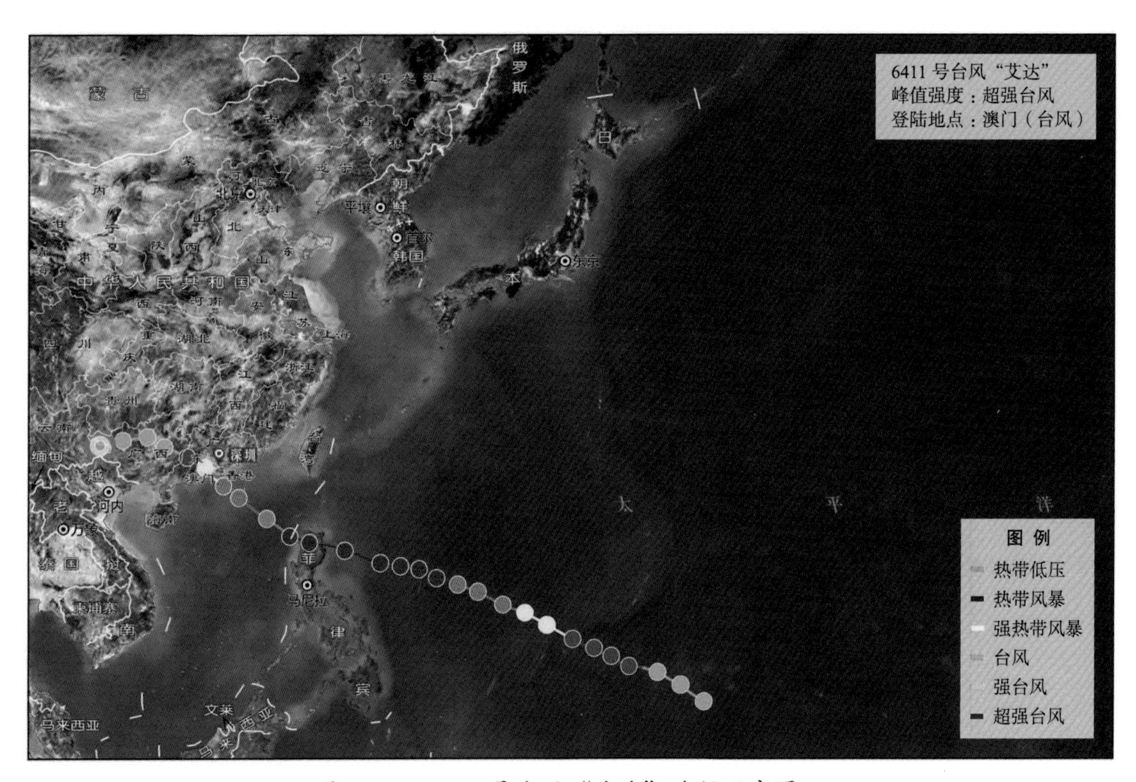

图 3-205　6411 号台风“艾达”路径示意图

台风“艾达”造成 15.5 万亩水稻受灾，甘蔗受害（灾）面积 2.7 万亩；宝安县 17 个公社中有 14 个公社电话线被大风吹断，倒塌房屋 836 间，毁坏 8900 多间；海、河堤被冲崩 273 处，其中海堤崩塌 2638 米。

图 3-206　台风“艾达”带来的大雨淹没农田

3.2.8 “鲁比”（6415号台风）

6415号台风“鲁比”（Ruby，强台风级）来自太平洋，中心附近最大平均风速45米/秒，于1964年9月5日在15时广东珠海登陆，登陆时中心附近最大风力12级。“鲁比”影响宝安的时间是9月4—6日，带来大暴雨，深圳国家基本气象站记录到最大日雨量226.0毫米，过程雨量273.1毫米，最大平均风速34米/秒（12级）。

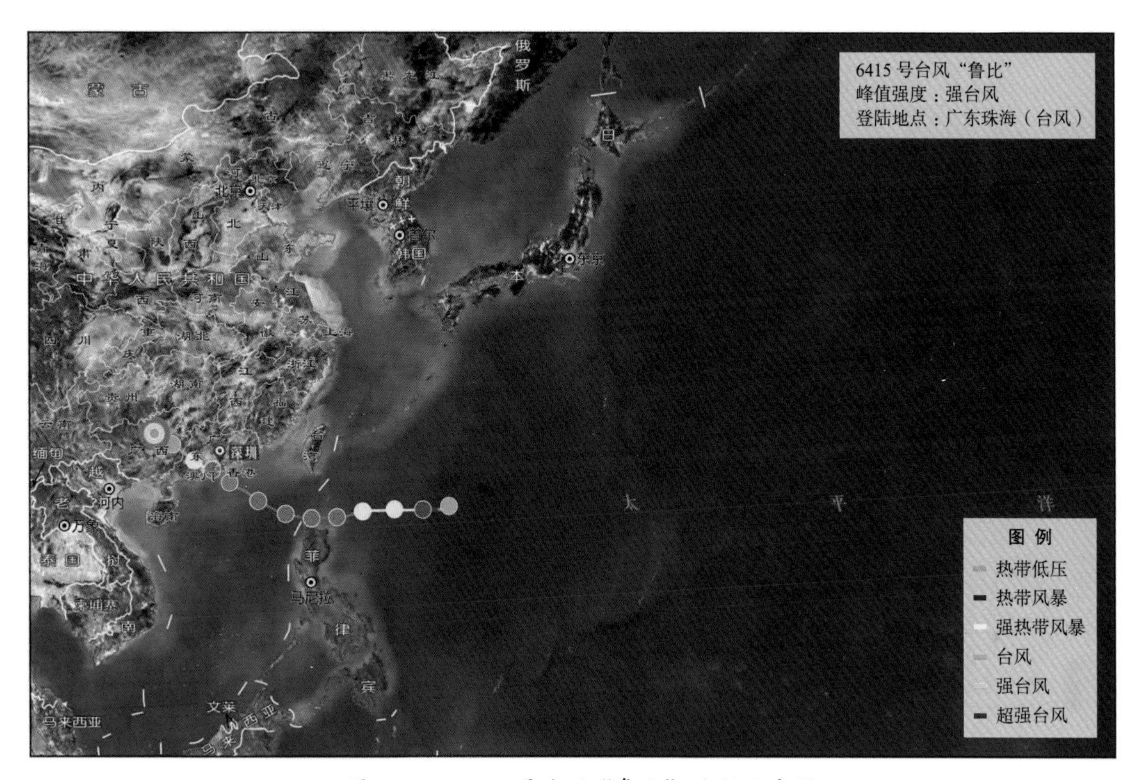

图3-207 6415号台风“鲁比”路径示意图

台风“鲁比”造成宝安县水浸稻田118606亩，浸湿稻谷12505担，损失甘蔗26593亩、花生6320亩、水果45420棵、蔬菜3637亩、木薯3504亩；死牛（猪）32头、“三鸟”（即鸡、鸭、鹅）13172只；冲毁和淹漫鱼塘2464亩；冲崩山塘12个，崩塌河堤345处（1016米）；打烂（受损）农艇11只（艘）；打断（折断）树木139261棵；吹断电杆1018条；倒塌房屋3445间，毁坏房屋13012间；全县电话中断；死亡3人，伤56人。

图3-208 台风“鲁比”造成多艘农艇被打烂

3.2.9 “莎莉”（6416号台风）

6416号台风“莎莉”（Sally，超强台风级）来自太平洋，中心附近最大平均风速100米/秒，紧随6415号台风“鲁比”于1964年9月10日21—22时在宝安登陆，登陆时中心附近最大风力12级。“莎莉”影响宝安的时间是9月10—11日，带来大暴雨，深圳国家基本气象站记录到最大日雨量159.1毫米，过程雨量182.7毫米，最大平均风速20米/秒（8级）。

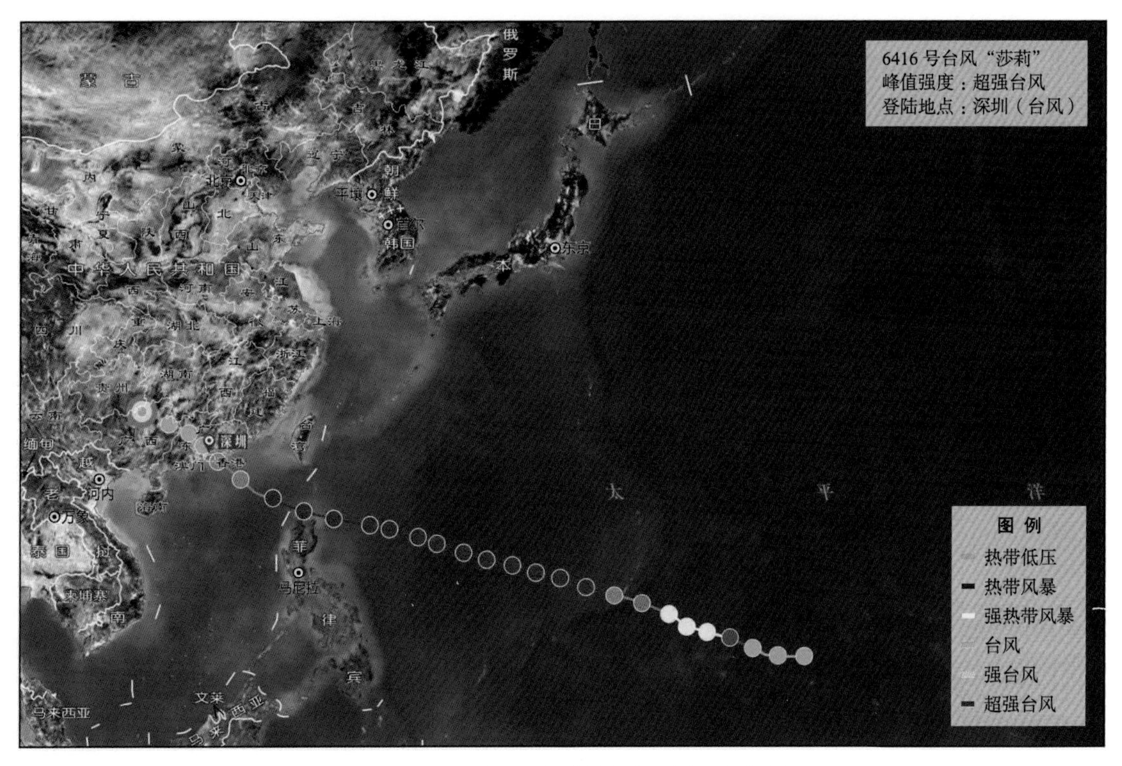

图3-209 6416号台风“莎莉”路径示意图

台风“莎莉”造成宝安全县水浸村庄27个，农作物严重减产或失收，倒塌损坏房屋1万多间，缺堤744丈[①]。

图3-210 台风“莎莉”导致大片农作物倒伏

① 1丈=3.33米。

3.2.10 “多特”（6423 号台风）

6423 号台风“多特”（Dot，强台风级）来自太平洋，中心附近最大平均风速 45 米 / 秒，于 1964 年 10 月 13 日 09 时在宝安登陆，登陆时中心附近最大风力 12 级。“多特”影响宝安的时间是 10 月 12—13 日，带来特大暴雨，深圳国家基本气象站记录到最大日雨量 303.1 毫米，过程雨量 326.4 毫米，最大平均风速 20 米 / 秒（8 级）。

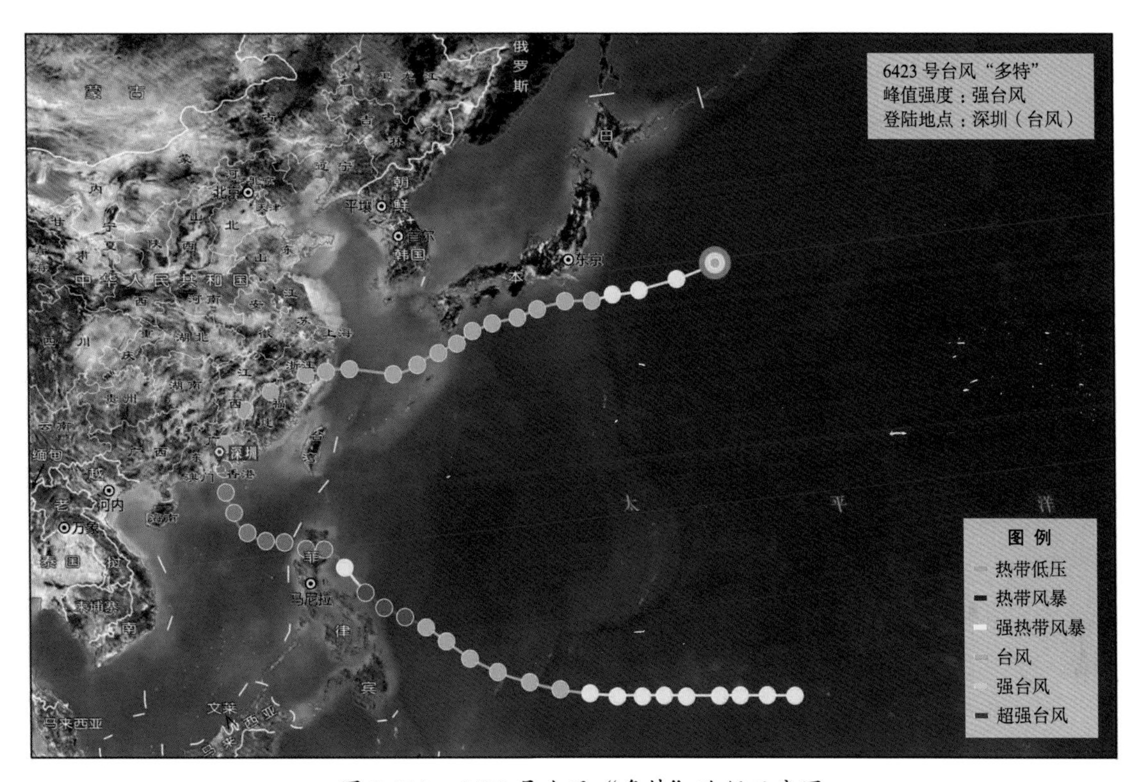

图 3-211　6423 号台风“多特”路径示意图

台风“多特”造成宝安全县 71 个村庄受浸，7 万多亩水稻倒伏，40 万亩晚稻损失约 32%；其他农作物也严重受损失收；冲垮桥梁、水闸、破头；冲缺堤围，崩塌山塘；吹断电线；共倒塌、损坏房屋 6928 间；死伤 5 人。

图 3-212　台风“多特”带来的洪水在村庄肆虐

3.2.11 “罗拉”（6605 号台风）

6605 号台风“罗拉”（Lola，强热带风暴级）来自太平洋，中心附近最大平均风速 25 米 / 秒，于 1966 年 7 月 13 日 23 时在广东珠海登陆，登陆时中心附近最大风力 10 级。“罗拉”影响宝安的时间是 7 月 13—15 日，带来连续 2 天的暴雨，深圳国家基本气象站记录到最大日雨量 91.4 毫米，过程雨量 185.1 毫米，最大平均风速 20 米 / 秒（8 级），最大阵风风速 34 米 / 秒（12 级）。具体灾情不详。

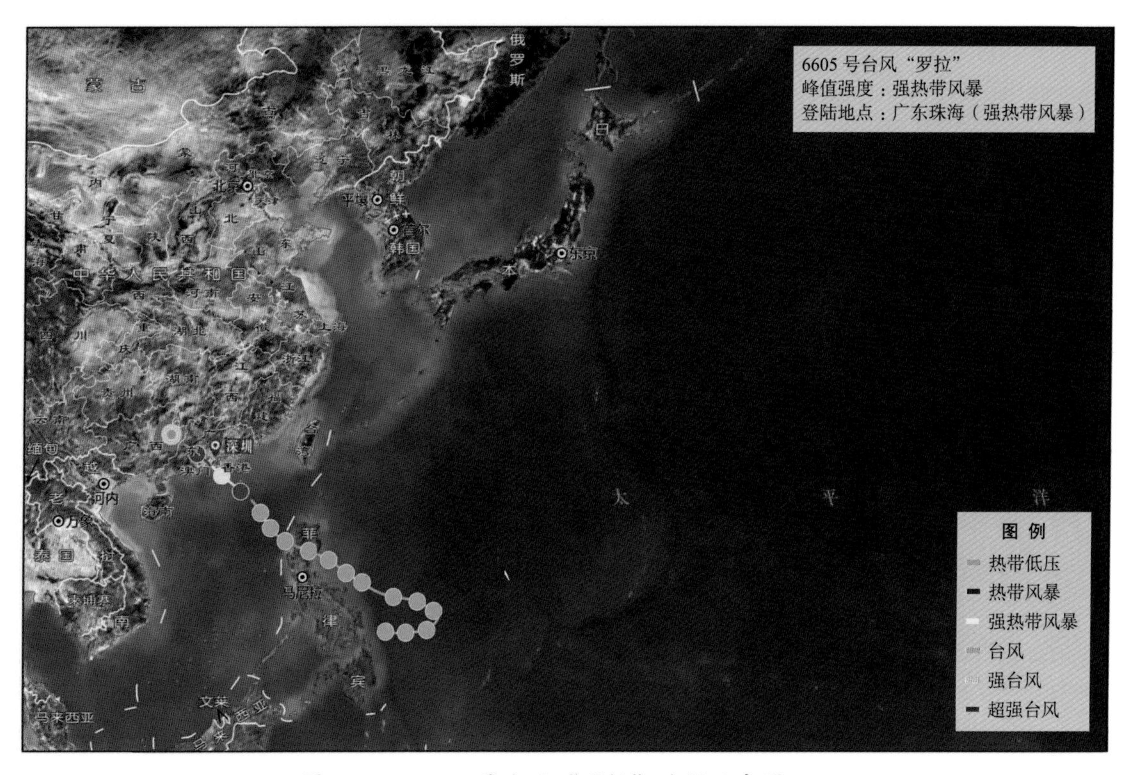

图 3-213 6605 号台风“罗拉”路径示意图

3.2.12　“爱丽丝”（6710号台风）

6710号台风“爱丽丝”（Iris，强热带风暴级）来自太平洋，中心附近最大平均风速25米/秒，于1967年8月17日02—03时在广东阳江登陆，登陆时中心附近最大风力7级。“爱丽丝”影响宝安的时间是8月15—18日，带来连续2天的暴雨和大暴雨，深圳国家基本气象站记录到最大日雨量199.7毫米，过程雨量292.0毫米，最大阵风风速24米/秒（9级）。具体灾情不详。

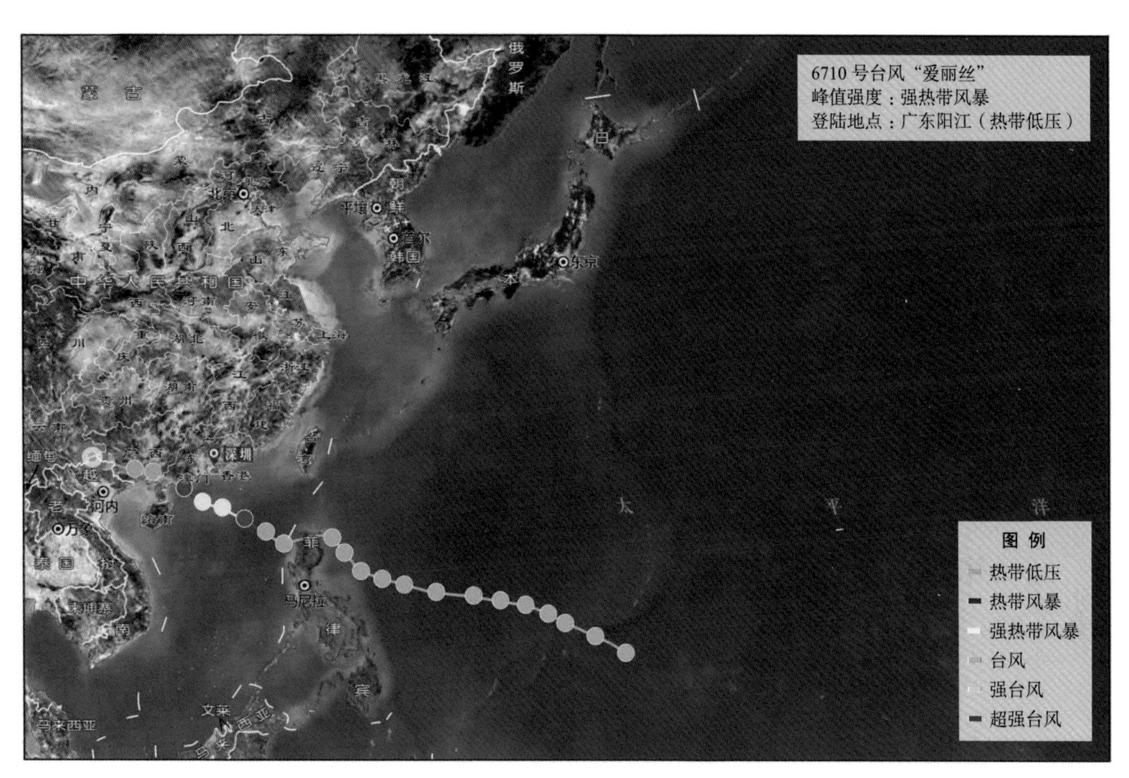

图3-214　6710号台风“爱丽丝”路径示意图

3.2.13 “凯特”（6711 号台风）

6711 号台风“凯特”（Kate，台风级）来自太平洋，中心附近最大平均风速 35 米 / 秒，于 1967 年 8 月 21 日 20—21 时在广东斗门—台山登陆，登陆时中心附近最大风力 9 ~ 10 级。“凯特”影响宝安的时间是 8 月 21—22 日，带来连续 2 天的暴雨，深圳国家基本气象站记录到最大日雨量 79.0 毫米，过程雨量 148.9 毫米，最大平均风速 24 米 / 秒（9 级），最大阵风风速 34 米 / 秒（12 级）。具体灾情不详。

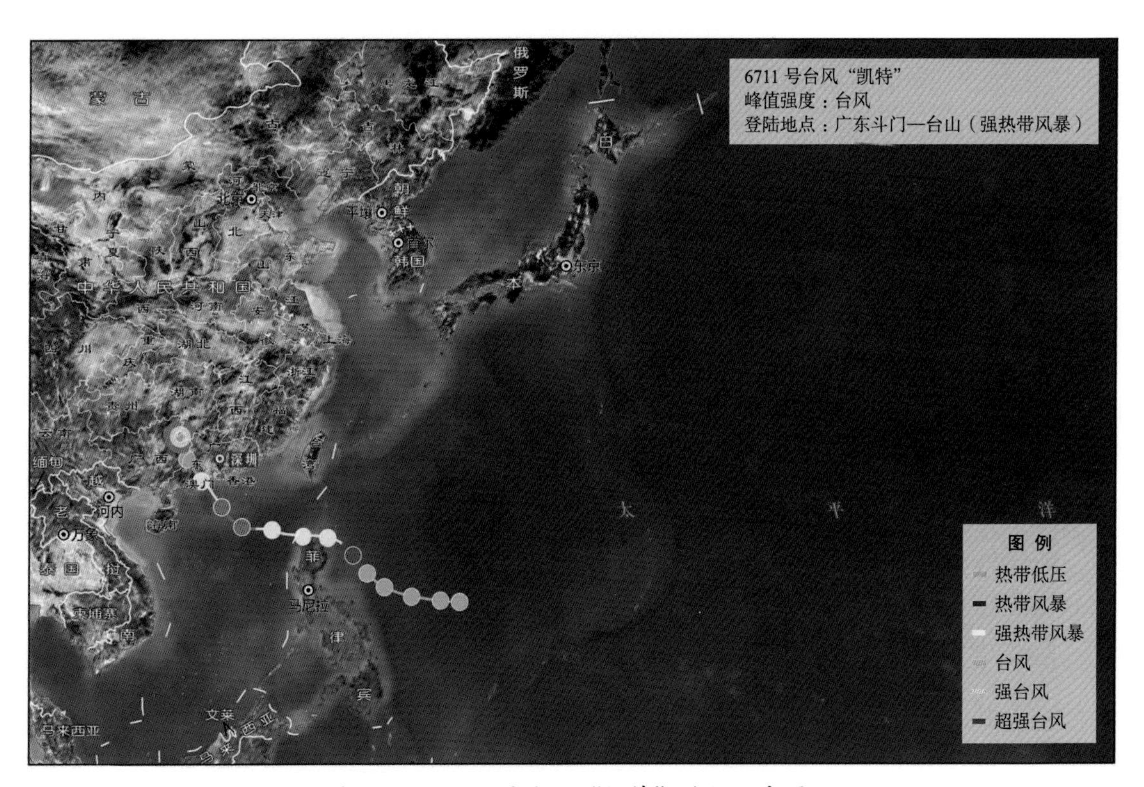

图 3-215　6711 号台风“凯特”路径示意图

3.2.14 “雪莉”（6808 号台风）

6808 号台风“雪莉”（Shirley，台风级）来自太平洋，中心附近最大平均风速 40 米 / 秒，于 1968 年 8 月 21 日 19—20 时在香港登陆，登陆时中心附近最大风力 12 级。“雪莉”影响宝安的时间是 8 月 20—22 日，带来连续 2 天的大暴雨，深圳国家基本气象站记录到最大日雨量 136.3 毫米，过程雨量 293.9 毫米，最大平均风速 22 米 / 秒（9 级），最大阵风风速 32 米 / 秒（11 级）。具体灾情不详。

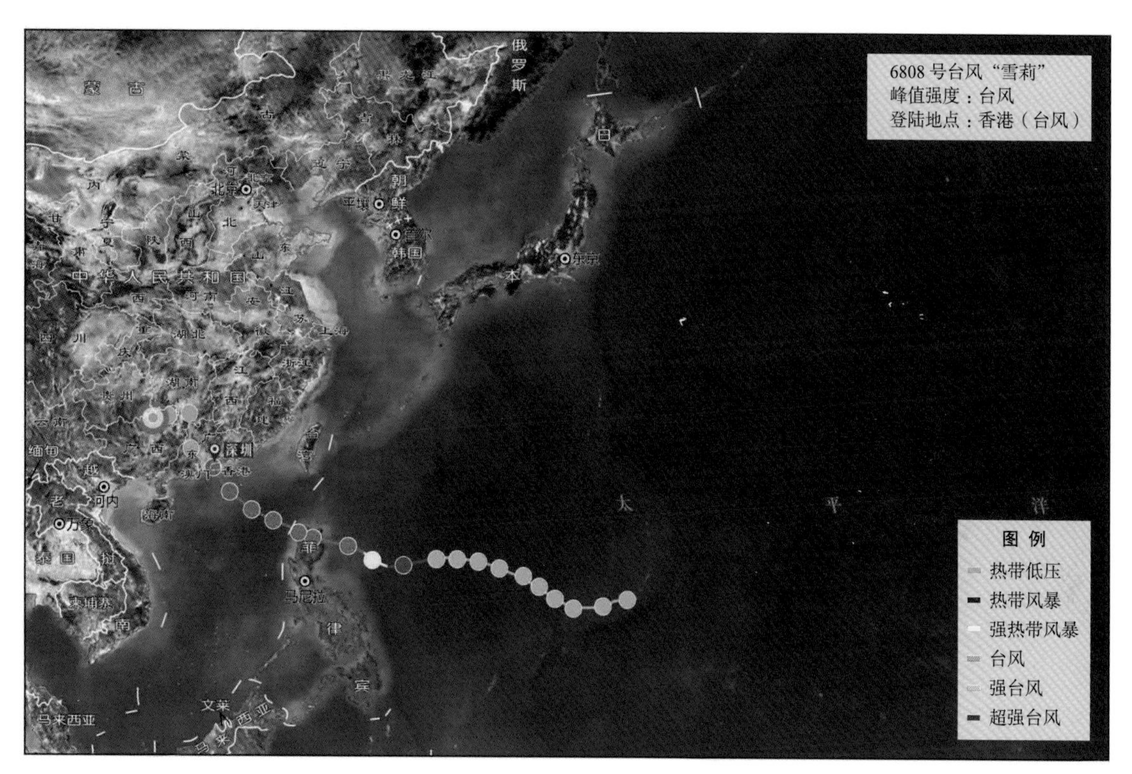

图 3-216　6808 号台风“雪莉”路径示意图

3.2.15 “维奥拉”（6903 号台风）

6903 号台风“维奥拉”（Viola，超强台风级）来自太平洋，中心附近最大平均风速 75 米 / 秒，于 1969 年 7 月 28 日 11—12 时在广东惠来登陆，登陆时中心附近最大风力超过 13 级。“维奥拉”影响宝安的时间是 7 月 28—31 日，带来连续 2 天的暴雨和大暴雨，深圳国家基本气象站记录到最大日雨量 171.7 毫米，过程雨量 242.9 毫米，最大平均风速 17 米 / 秒（8 级），最大阵风风速 21 米 / 秒（9 级）。具体灾情不详。

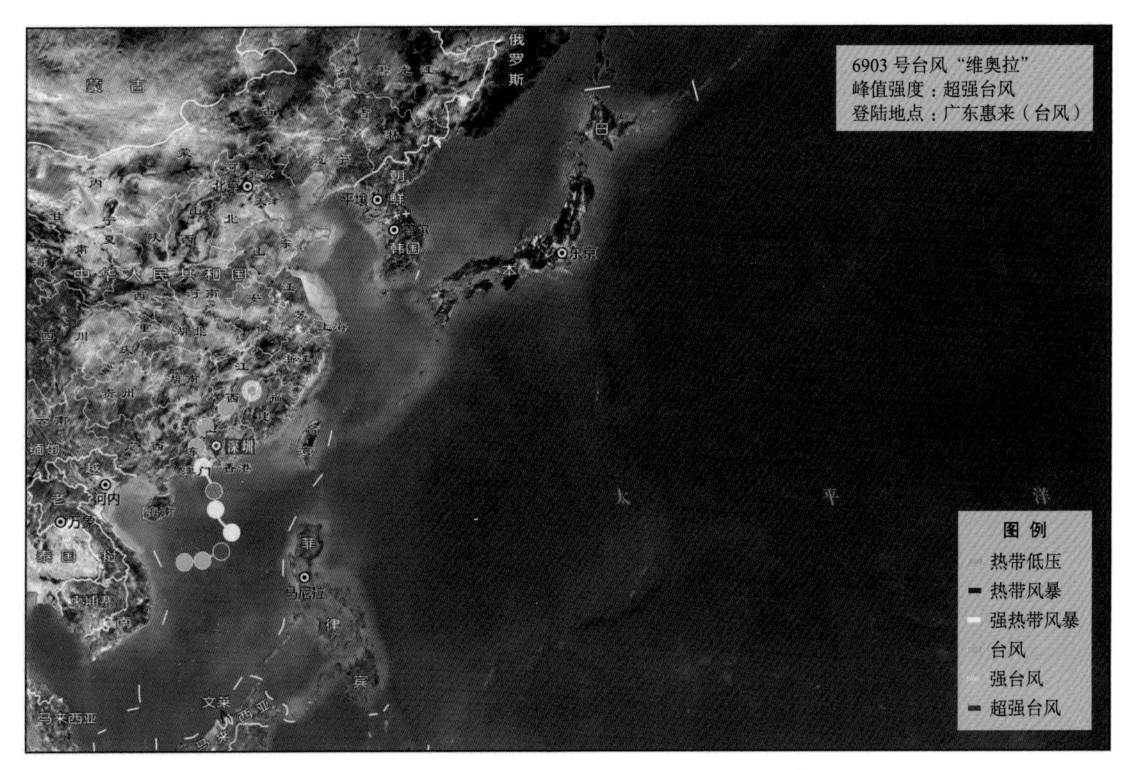

图 3-217 6903 号台风“维奥拉”路径示意图

3.2.16　“弗雷达”（7108号台风）

7108号台风“弗雷达”（Freda，台风级）来自太平洋，中心附近最大平均风速35米/秒，于1971年6月18日03—04时在广东珠海登陆，登陆时中心附近最大风力10级。“弗雷达”影响宝安的时间是6月17—18日，带来连续2天的暴雨，深圳国家基本气象站记录到最大日雨量96.0毫米，过程雨量148.6毫米，最大平均风速23米/秒（9级），最大阵风风速>40米/秒（13级，超出当时仪器记录极限）。

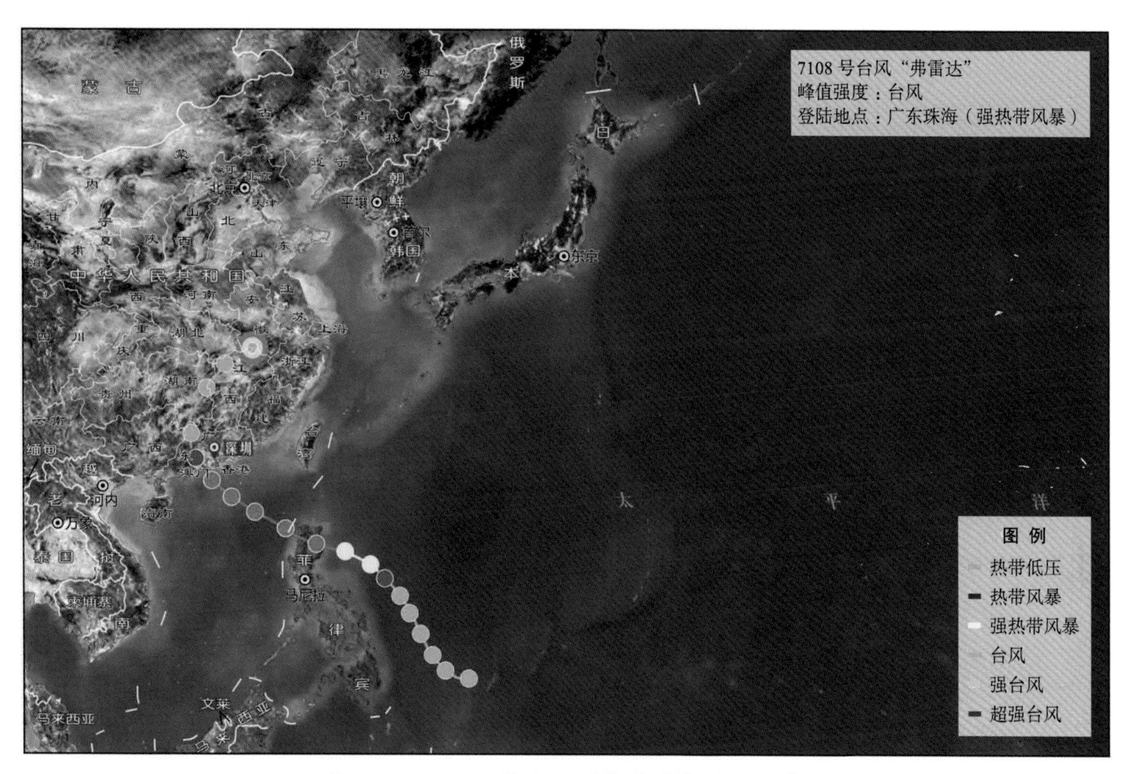

图3-218　7108号台风“弗雷达”路径示意图

图3-219　台风“弗雷达”带来的洪水在城郊泛滥

7108号台风和7118号台风共致淹没农田47万亩，人员死亡7人、伤24人，耕牛死亡18头，生猪死亡300余头，民房倒塌500多间。

3.2.17 “露茜”（7114 号台风）

7114 号台风“露茜”（Lucy，超强台风级）来自太平洋，中心附近最大平均风速 60 米 / 秒，于 1971 年 7 月 22 日 10—11 时在广东惠东县登陆，登陆时中心附近最大风力 11 级。“露茜”影响宝安的时间是 7 月 22 日，带来大暴雨，深圳国家基本气象站记录到最大日雨量 107.6 毫米，最大平均风速 18 米 / 秒（8 级），最大阵风风速 29 米 / 秒（11 级）。具体灾情不详。

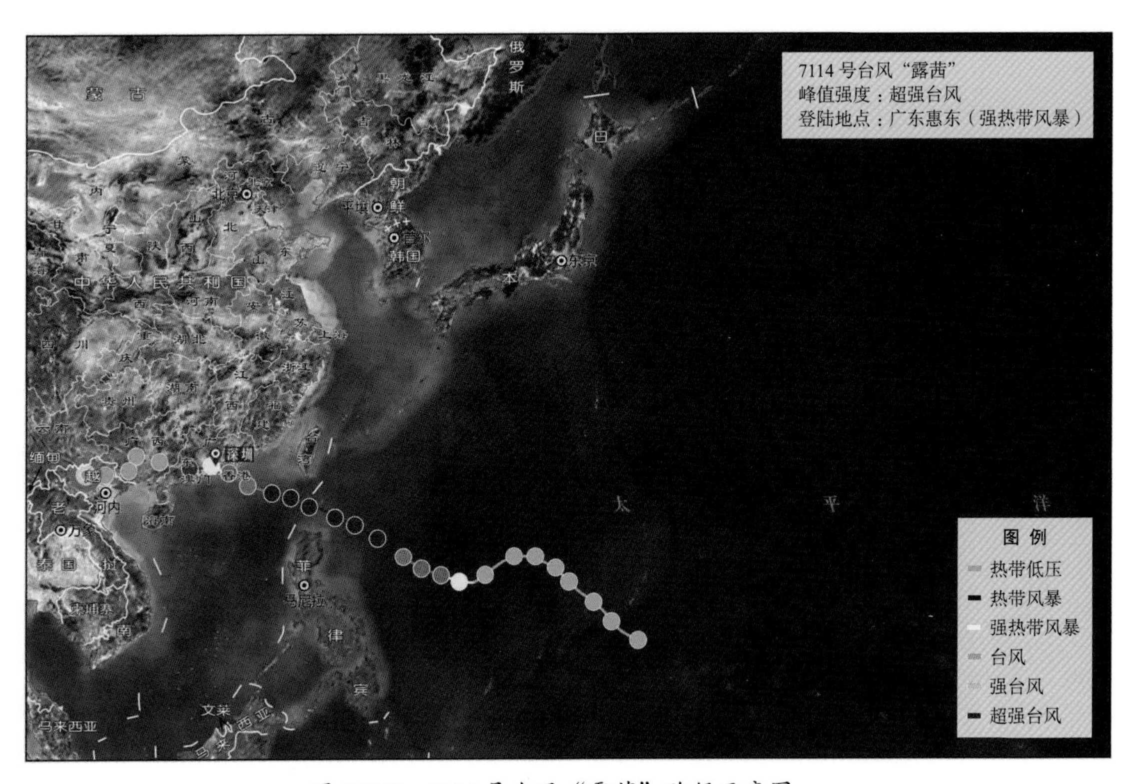

图 3-220 7114 号台风“露茜”路径示意图

3.2.18 “露丝”（7118 号台风）

7118 号台风“露丝”（Rose，超强台风级）来自太平洋，中心附近最大平均风速 60 米 / 秒，于 1971 年 8 月 17 日 05 时在广东番禺登陆，登陆时中心附近最大风力 11 级。“露丝”影响宝安的时间是 8 月 16—17 日，带来大暴雨，深圳国家基本气象站记录到最大日雨量 231.6 毫米，过程雨量 250.7 毫米，最大平均风速 27 米 / 秒（10 级），最大阵风风速 > 40 米 / 秒（13 级，超出当时仪器记录极限）。

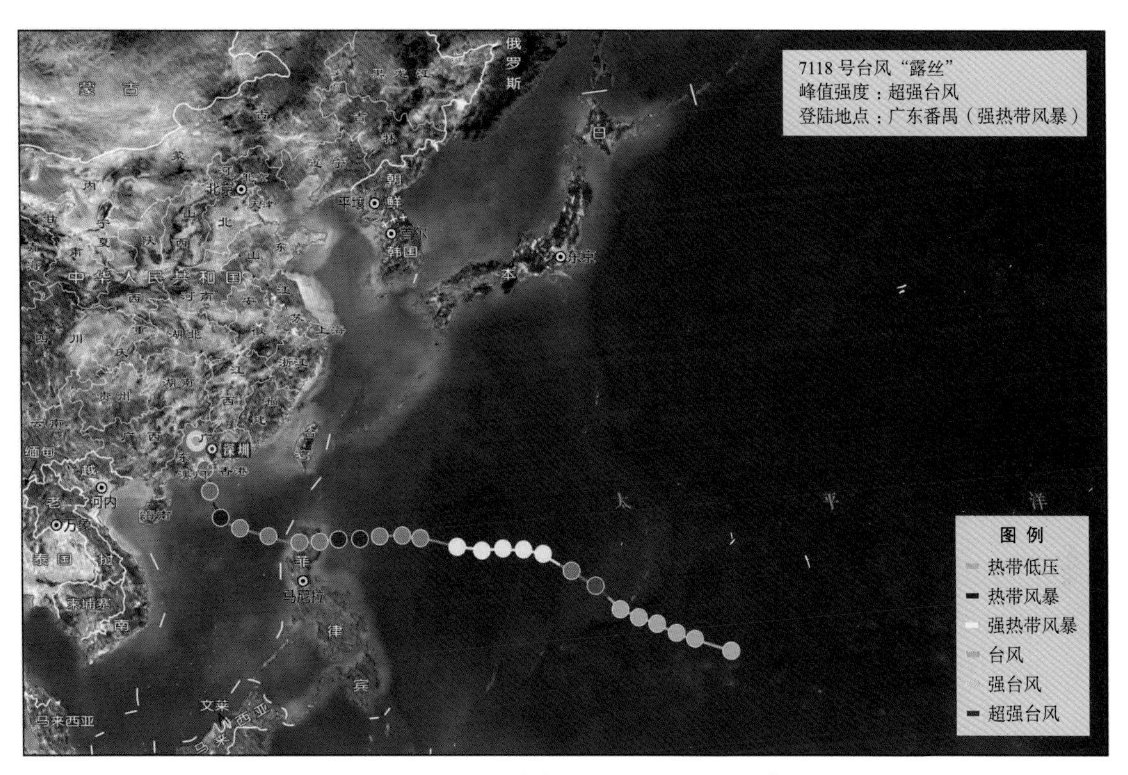

图 3-221　7118 号台风“露丝”路径示意图

具体灾情见 3.2.16 部分。

3.2.19 “多特”（7304号台风）

7304号台风“多特”（Dot，台风级）来自南海，中心附近最大平均风速35米/秒，于1973年7月17日04—05时在宝安登陆，登陆时中心附近最大风力11级。“多特”影响宝安的时间是7月15—17日，带来大暴雨，深圳国家基本气象站记录到最大日雨量233.3毫米，过程雨量259.5毫米，最大平均风速14米/秒（7级），最大阵风风速24米/秒（9级）。

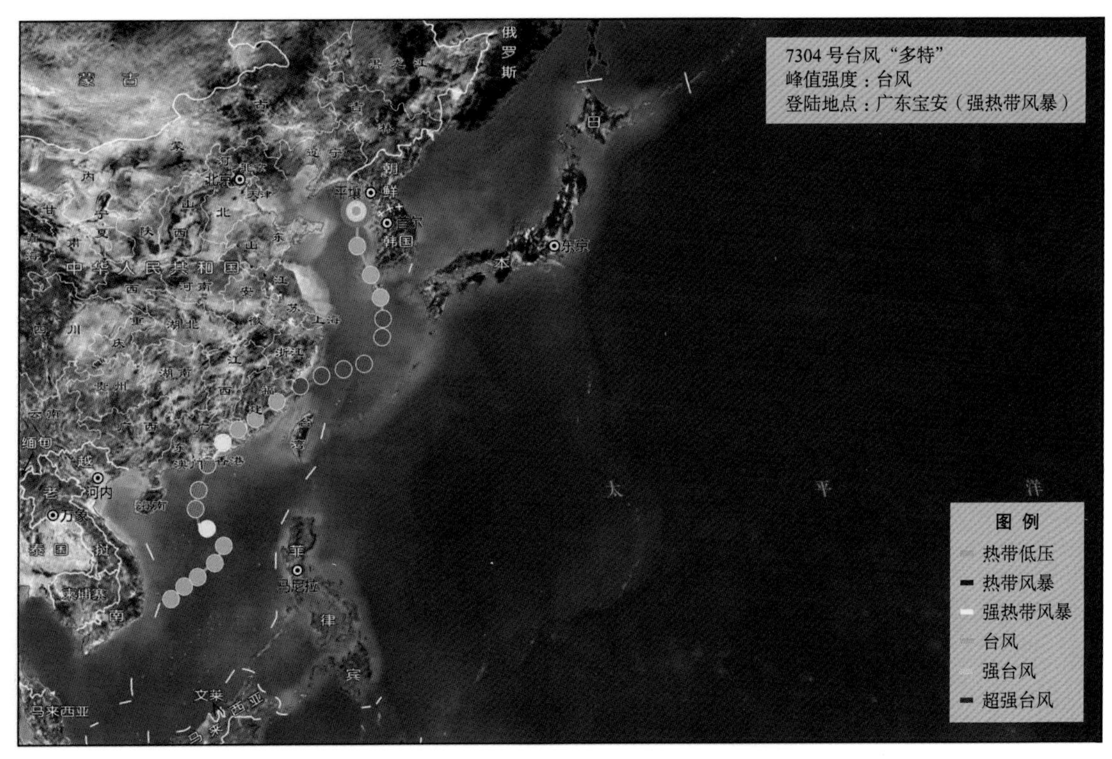

图3-222　7304号台风“多特”路径示意图

台风“多特”导致宝安县街道被浸，吹倒房屋43间，农田受淹1172亩，瓜果蔬菜损失严重，城郊渔农村和葵涌、沙鱼涌、溪冲、盐灶等大队海潮漫顶，冲崩堤坝27处。

图3-223　台风“多特”带来的洪水淹没街道

3.2.20 “卡门”（7422 号台风）

7422 号台风“卡门”（Carmen，台风级）来自太平洋，中心附近最大平均风速 40 米 / 秒，于 1974 年 10 月 20 日在琼州海峡附近减弱消失。“卡门”影响宝安的时间是 10 月 18—20 日，带来连续 3 天的暴雨和大暴雨，深圳国家基本气象站记录到最大日雨量 245.3 毫米，过程雨量 391.6 毫米，最大平均风速 13.3 米 / 秒（6 级），最大阵风风速 19 米 / 秒（8 级）。

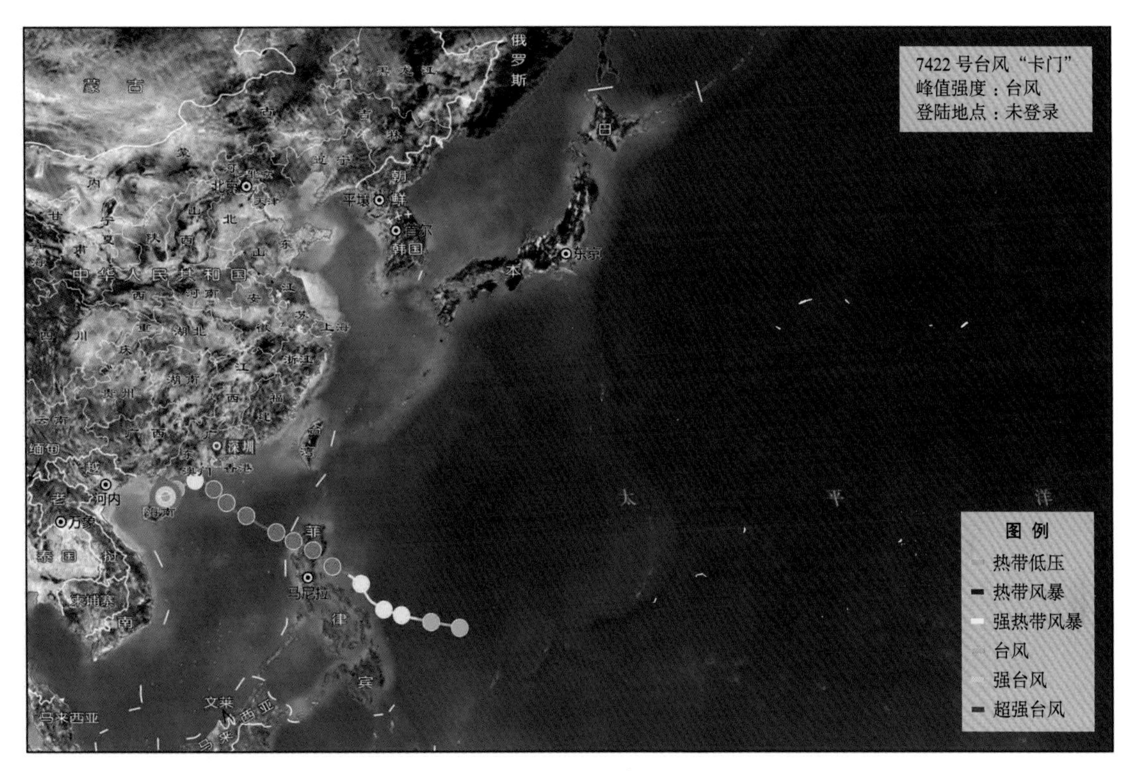

图 3-224　7422 号台风“卡门”路径示意图

台风“卡门”带来的持续强降雨导致宝安全县大量农田、房屋被淹，一些牲畜被淹死，共发生 4 处大的山体滑坡。

图 3-225　群众在“卡门”影响过程中运送救灾物资

3.2.21 “爱伦”（7616号台风）

7616号台风“爱伦”（Ellen,强热带风暴级）来自太平洋,中心附近最大平均风速30米/秒,于1976年8月24日在广东海丰登陆，登陆时中心附近最大风力11级。“爱伦”影响宝安的时间是8月24—25日，带来连续2天的暴雨和特大暴雨，深圳国家基本气象站记录到最大日雨量257.4毫米，过程雨量353.6毫米。

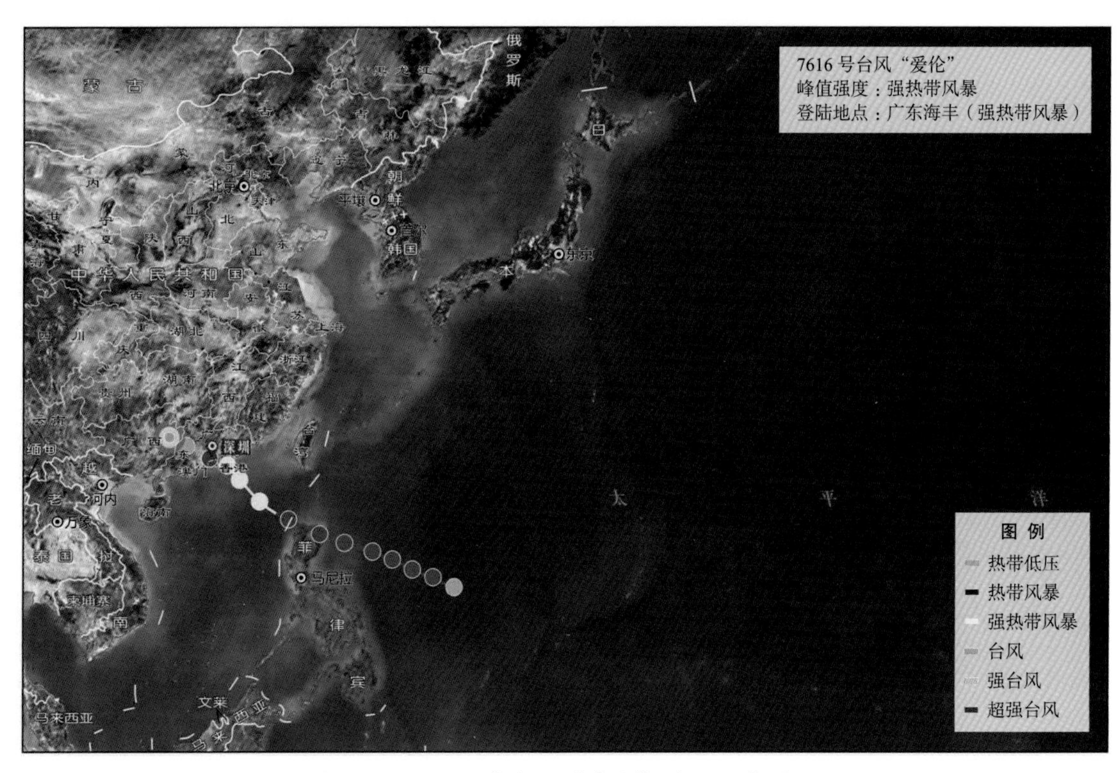

图3-226 7616号台风“爱伦”路径示意图

台风“爱伦”带来的暴雨造成了宝安全县大面积的稻田、蔬菜、鱼塘被淹，受淹稻谷580担、花生120担，塘鱼损失20担以上，冲坏桥梁5座，山体滑坡6处以上。此次灾害造成的经济损失约20余万元。

图3-227 台风“爱伦”造成洪水淹没农田

3.2.22 “艾格尼丝”（7807号台风）

7807号台风“艾格尼丝”（Agnes，台风级）来自南海，中心附近最大平均风速40米/秒，路径曲折，影响时间长，先于1978年7月30日在广东惠东登陆，随后于7月31日02时再次在饶平登陆，登陆时中心附近最大风力5级。“艾格尼丝”影响宝安的时间是7月26—31日，带来4天的暴雨和大暴雨，深圳国家基本气象站记录到最大日雨量130.9毫米，过程雨量486.5毫米，最大平均风速14米/秒（7级），最大阵风风速25米/秒（10级）。

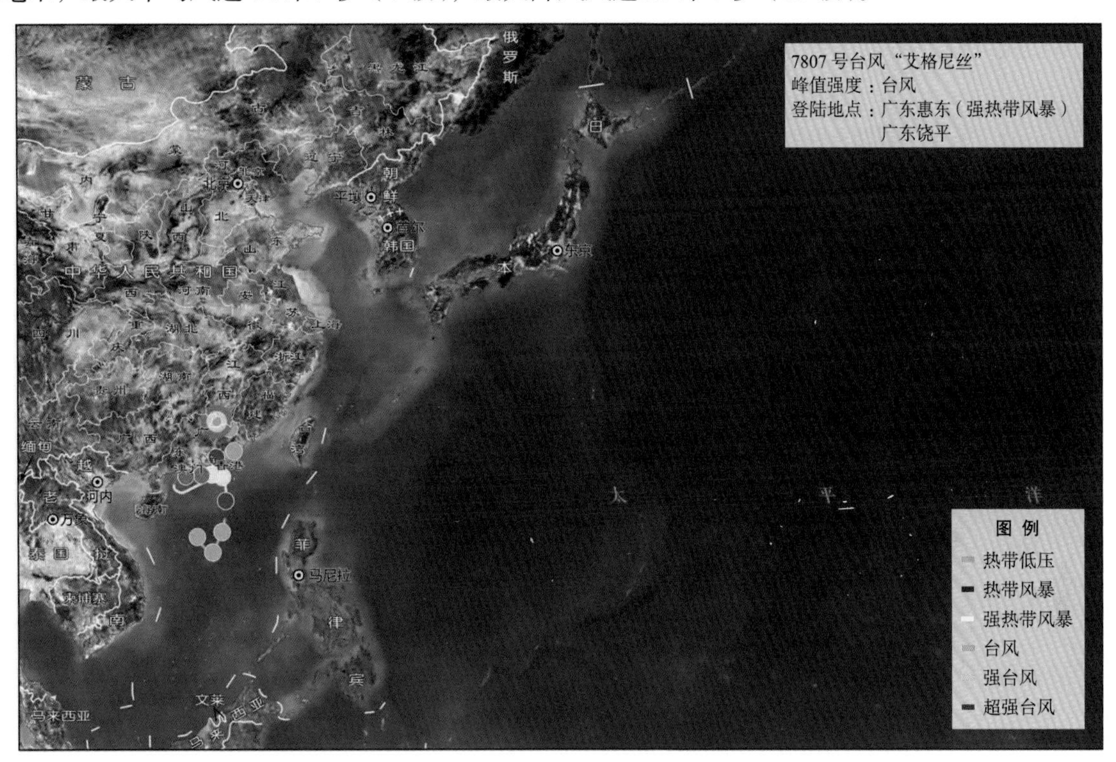

图3-228 7807号台风“艾格尼丝”路径示意图

台风“艾格尼丝”造成山洪暴发、河水泛滥、海潮暴涨，农田受淹40万亩，房屋倒塌500多间，吹倒高压输电电杆516根、低压电杆5606根，摧毁桥梁5座，宝安至盐田公路受阻，牲畜、塘鱼及农副作物严重受损，共造成2人死亡、47人受伤。

图3-229 台风“艾格尼丝”造成房屋倒塌（左）和泥石流淹没农田（右）

3.2.23 “荷贝”（7908 号台风）

7908 号台风“荷贝”（Hope，超强台风级）来自太平洋，中心附近最大平均风速 70 米 / 秒，于 1979 年 8 月 2 日 13—14 时在深圳登陆，登陆时中心附近最大风力 13 级。“荷贝”影响深圳的时间是 8 月 1—4 日，带来暴雨，深圳国家基本气象站记录到最大日雨量 63.7 毫米，过程雨量 137.7 毫米，最大平均风速 30 米 / 秒（11 级），最大阵风风速 >40 米 / 秒（13 级，超出当时仪器记录极限）。

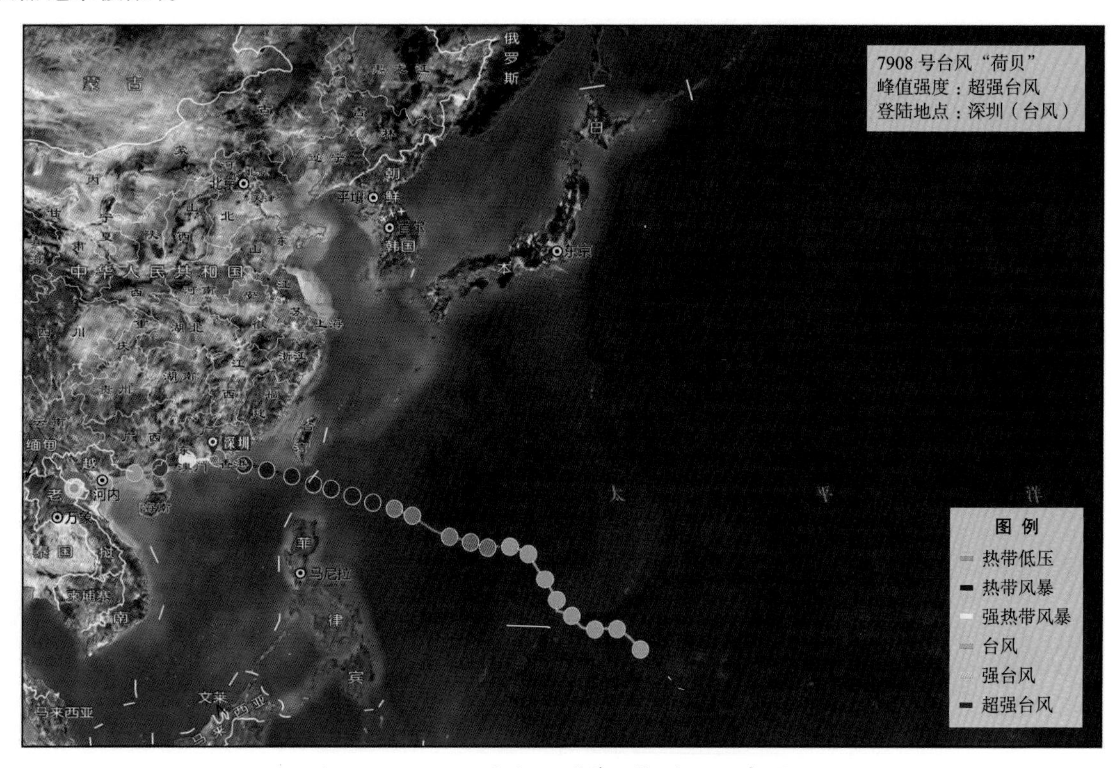

图 3-230　7908 号台风“荷贝”路径示意图

台风“荷贝”期间，由于风力大、摧毁力强，造成生命财产损失严重。据统计，该台风造成死亡 2 人、伤 47 人，房屋倒塌 2333 间，损坏 25722 间，受浸稻田 8286 亩，沉船 2 艘，损坏船只 100 艘，深圳全市停水停电，交通受阻，估计损失 2000 多万元。

图 3-231　台风“荷贝”造成洪水淹没市区（左），街道成河，群众用船进行交通（右）

3.2.24　“爱伦”（8309号台风）

8309号台风“爱伦”（Ellen，超强台风级）来自太平洋，中心附近最大平均风速60米/秒，于1983年9月9日08—09时在广东珠海登陆，登陆时中心附近最大风力13级。“爱伦”影响深圳的时间是9月8—12日，带来大暴雨，深圳国家基本气象站记录到最大日雨量120.3毫米，过程雨量201.1毫米，最大平均风速19米/秒（8级），最大阵风风速33米/秒（12级）。

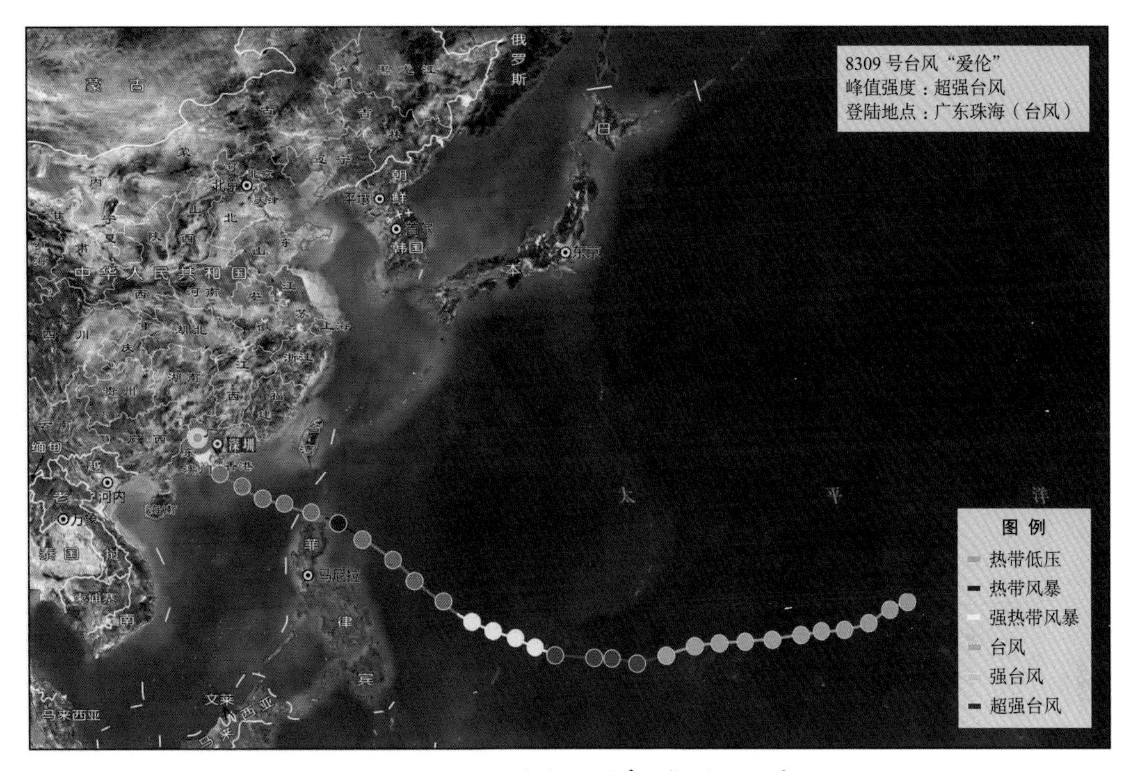

图3-232　8309号台风“爱伦”路径示意图

台风“爱伦”影响期间，由于风大雨猛，海潮上涨，造成严重损失。据统计，深圳全市被压死、淹死7人，伤63人，水稻受淹5万亩，基建工棚有80%被吹坏或摧毁，一批城市公用设施受到不同程度的损坏，经济损失达5000多万元。

图3-233　台风“爱伦”造成大量农作物被毁（左），洪水过后房屋成废墟（右）

3.2.25 “布伦达”（8903 号台风）

8903 号台风“布伦达”（Brenda，台风级）来自太平洋，中心附近最大平均风速 35 米 / 秒，于 1989 年 5 月 20 日 23 时在广东台山登陆，登陆时中心附近最大风力 11 级。“布伦达”影响深圳的时间是 5 月 19—21 日，带来连续 2 天的大暴雨，深圳国家基本气象站记录到最大日雨量 174.7 毫米，过程雨量 338.2 毫米，最大平均风速 13 米 / 秒（6 级），最大阵风风速 24 米 / 秒（9 级）。

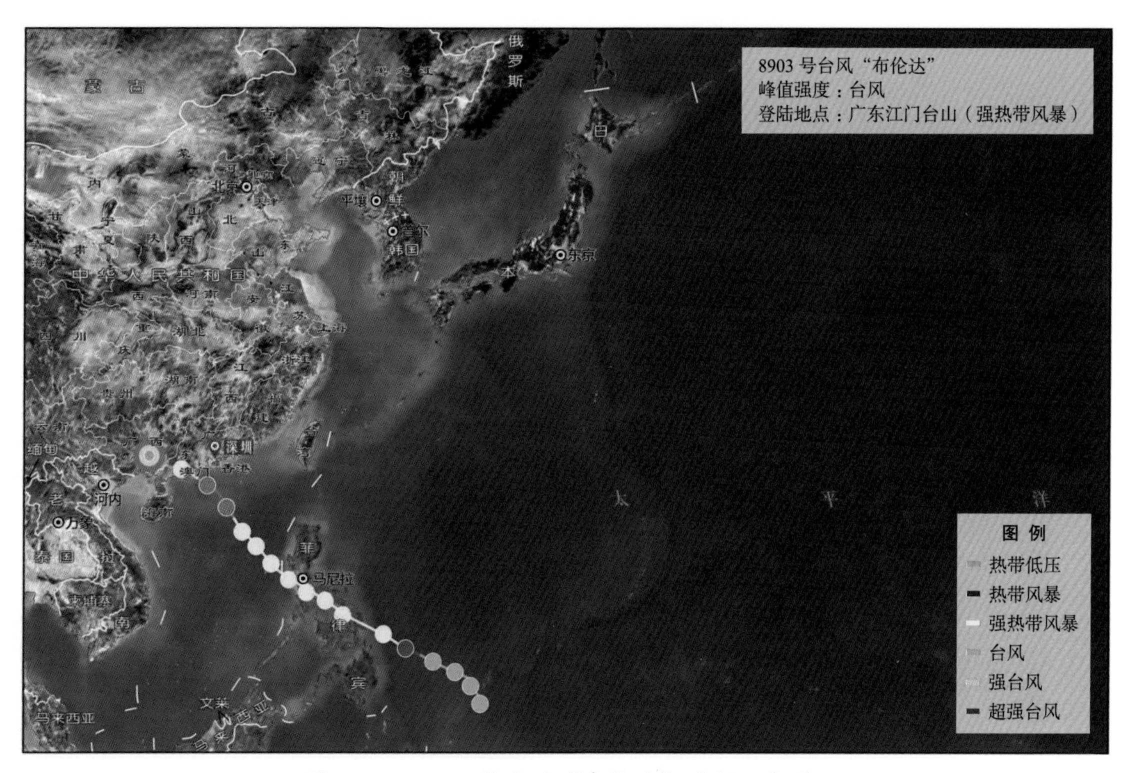

图 3-234 8903 号台风“布伦达”路径示意图

台风“布伦达”导致山洪爆发，河水爆涨，深圳市区多处受淹，广深干线公路多处受浸，来往车辆严重受阻，造成直接经济损失达 1.3 亿元，死亡 1 人。

图 3-235 台风“布伦达”导致深圳一片泽国，市民被困

3.2.26 “菲伊”（9206号台风）

9206号台风“菲伊”（Faye，强热带风暴级）来自太平洋，中心附近最大平均风速25米/秒，于1992年7月18日08时在广东珠海登陆，登陆时中心附近最大风力8级。“菲伊”影响深圳的时间是7月18日，带来大暴雨，深圳国家基本气象站记录到最大日雨量157.6毫米，最大平均风速17.3米/秒（8级），最大阵风风速28米/秒（10级）。

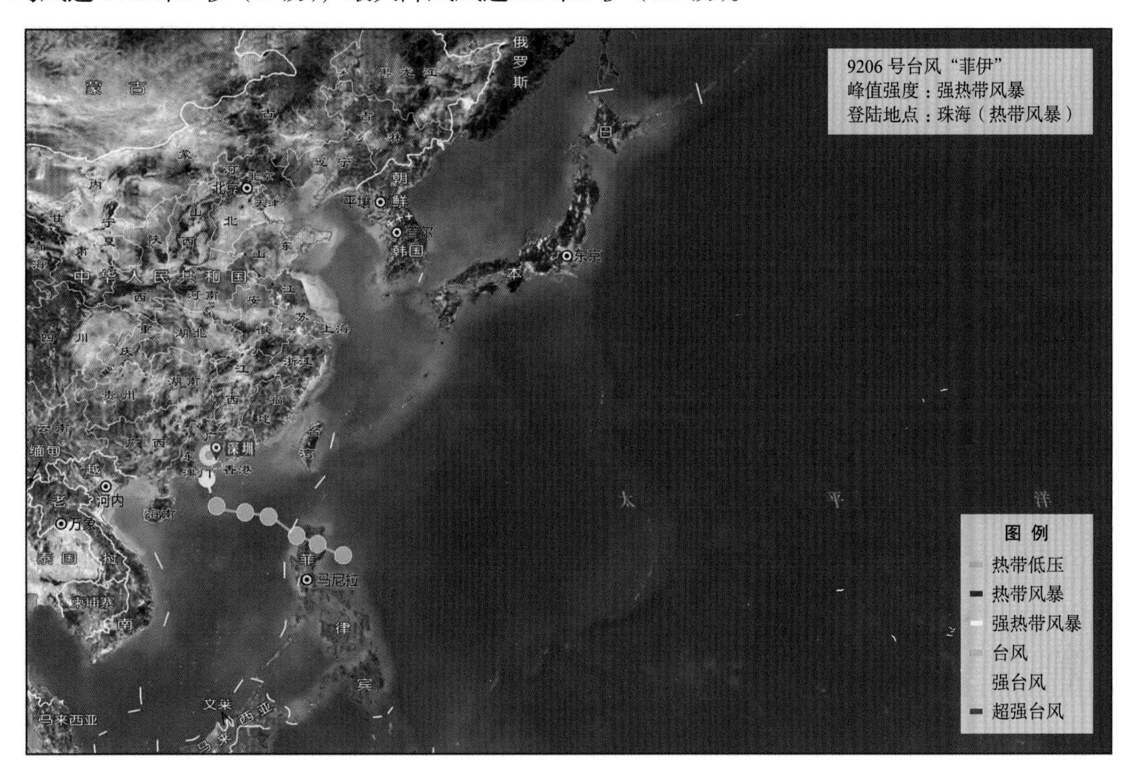

图3-236 9206号台风“菲伊”路径示意图

台风“菲伊”导致铁岗水库及西丽水库水位猛升，宝安区、罗湖区、福田区和南山区多个片区、路段及房屋被淹，积水最深0.6～1.4米不等，吹倒临时住房27间，受伤4人，死亡1人。大风导致大量广告牌被吹倒，树木被刮断，交通阻断。深圳机场于18日上午10时被迫关闭，70多架次航班不能按时起飞，超过2000名乘客滞留，蛇口客运码头航班全部取消。80余条供电线路停电，其中6条为高压线路。

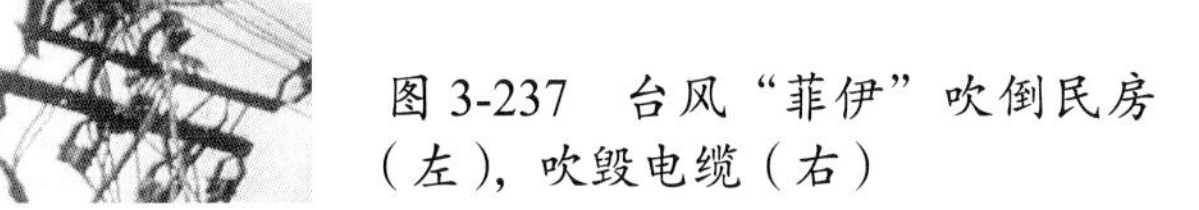

图3-237 台风“菲伊”吹倒民房（左），吹毁电缆（右）

3.2.27 “多特”（9318 号台风）

9318 号台风“多特”（Dot，台风级）来自南海，中心附近最大平均风速 40 米 / 秒，移动较缓慢，于 9 月 26 日 15 时在广东台山—阳江登陆，登陆时中心附近最大风力 12 级。“多特”影响深圳的时间是 9 月 24—27 日，带来连续 3 天的暴雨和大暴雨，深圳国家基本气象站最大日雨量 213.5 毫米，过程雨量达 510.1 毫米，最大阵风风速 15.8 米 / 秒（7 级）。

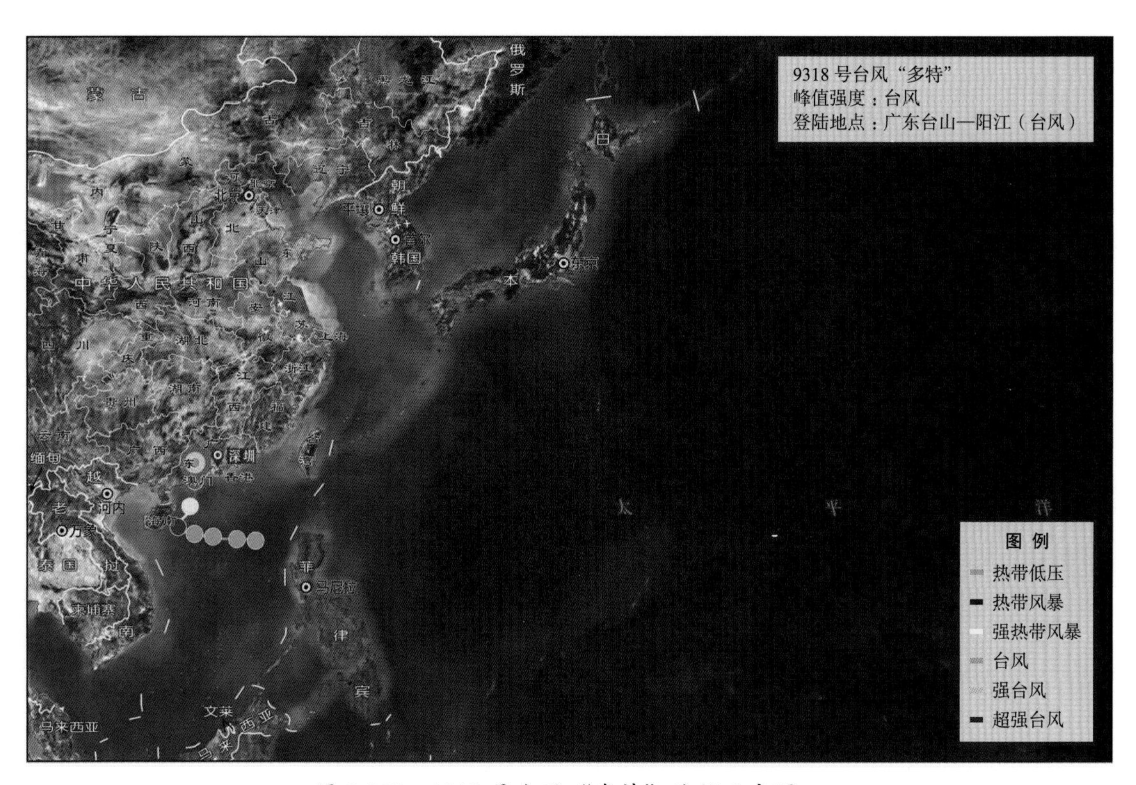

图 3-238　9318 号台风“多特”路径示意图

图 3-239　台风“多特”强降水导致众多群众被困（左），洪水过后深圳河一片狼藉（右）

台风“多特”造成深圳全市受灾人口 13 万人，死亡 14 人，直接经济损失达 7.64 亿元。布吉河、深圳河河水漫溢，市区大面积被淹，罗湖区深南大道、人民路、东门路、文锦路等交通要道积水近 1 米深，桂木园、向西、黄贝岭的水深超过 2 米，渔民村水深达 3.5 米，1000 多人被困；深圳水库和洪湖公园紧急泄洪致国贸、穿孔桥、桂园一带和新秀村被水淹，深达 2 米多，5000 多名群众被困；罗湖区富临大酒店被洪水围困，楼内停电停水，饮食供应紧张，市政府紧急出动解救受困的中外宾客；火车站配电房被淹，全站停电。福田区南园街道办事处埔尾村的一家小商品市场被淹，200 多群众受困。宝安区部分村庄内涝，全区受浸 22 个村，逾千间民房被淹，30 多万立方米厂房受浸。部分地区洪水甚至淹至住房 2 楼。多处公路交通因水淹或塌方而受阻或停运，广深铁路至布吉段下行线因水淹路基下沉 10 多厘米，被迫中断。蛇口港客运码头和机场福永码头船班 9 月 26 日全部取消，至 9 月 28 日才恢复。

3.2.28 “西比尔”（9515 号台风）

9515 号台风“西比尔”（Sibyl，台风级）来自太平洋，中心附近最大平均风速 33 米 / 秒，于 1995 年 10 月 3 日 12 时在广东电白—阳西登陆，登陆时中心附近最大风力 11 级。“西比尔”影响深圳的时间是 10 月 2—6 日，带来 3 天暴雨及大暴雨，深圳国家基本气象站最大日雨量 187.0 毫米，过程雨量 480.1 毫米，最大平均风速 12.8 米 / 秒（6 级），最大阵风风速 22.7 米 / 秒（9 级）。

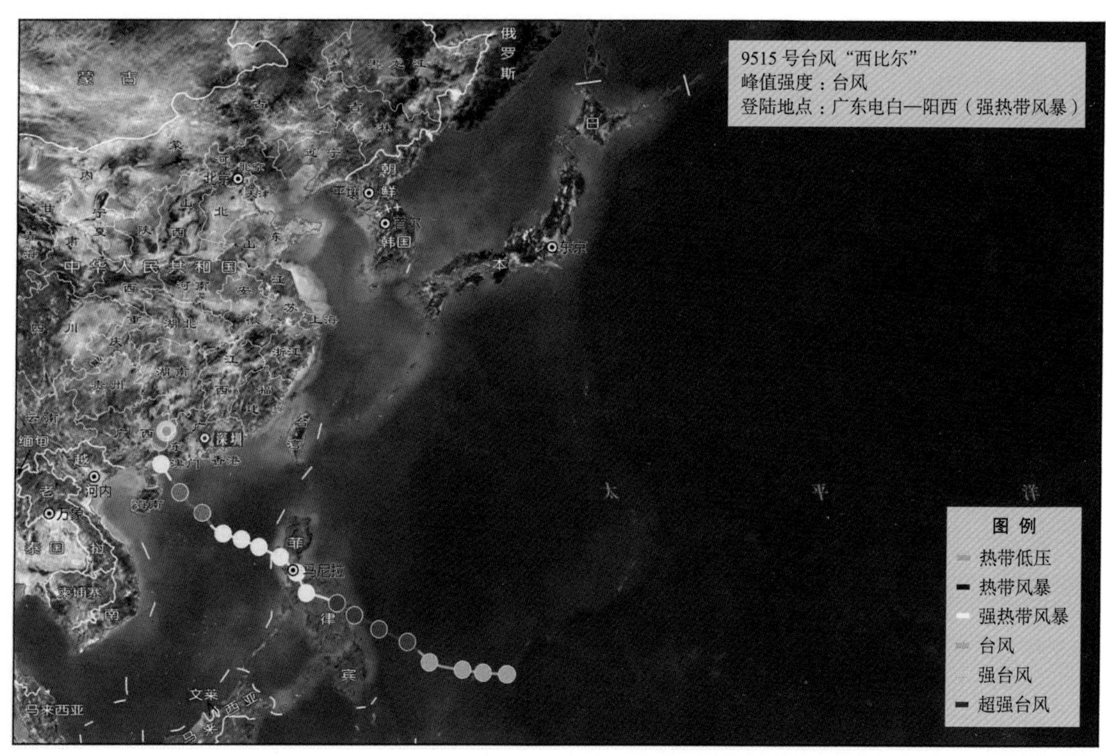

图 3-240 9515 号台风“西比尔”路径示意图

台风“西比尔”造成罗湖、福田区低洼地段积水，水深 40 ~ 150 厘米，约有 1000 间民房、门店受淹；有 5 处山泥倾泄和滑坡，解放路一工地出现小面积塌方，但未造成人员伤亡；一些树木和大型广告牌被大风吹倒。此外，20 多条供电线路出现故障，致使福华新村、莲花北、新秀村、广场北、国展中心、田贝和布心村等地出现大面积停电，全市经济损失约 3600 万元，死亡 1 人。

图 3-241 台风“西比尔”大风导致大型广告牌倾倒

3.2.29 “维克多”（9710 号台风）

9710 号台风“维克多”（Victor，强热带风暴级）来自南海，中心附近最大平均风速 30 米 / 秒，于 1997 年 8 月 2 日 20—21 时在香港登陆，登陆时中心附近最大风力 11 级。“维克多”影响深圳的时间是 8 月 2—4 日，带来连续 2 天大暴雨及暴雨，深圳国家基本气象站最大日雨量 156.8 毫米，过程雨量 275.7 毫米，最大平均风速 14.2 米 / 秒（7 级），最大阵风风速 25.8 米 / 秒（10 级）。

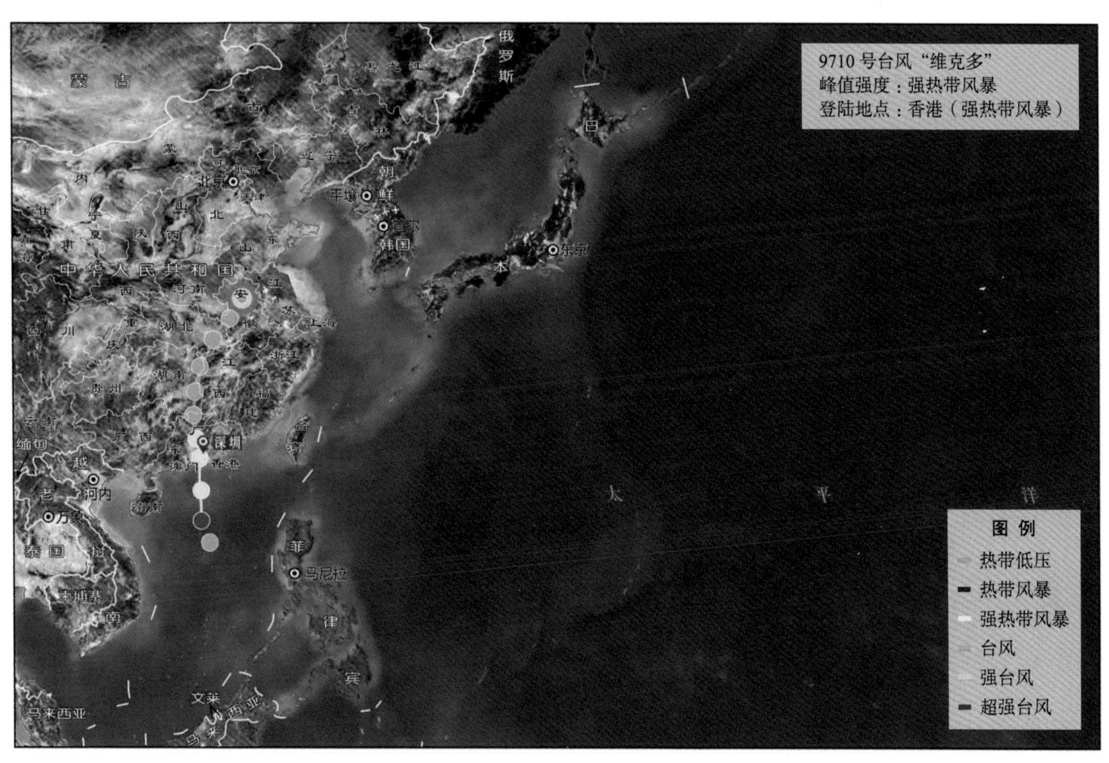

图 3-242　9710 号台风“维克多”路径示意图

台风“维克多”造成深圳市区数条道路及莲塘、盐田港等地出现水浸，街道两旁的一些树木被大风刮倒，14 个镇 57 个村庄受灾，受灾人口达 78.06 万人，洪水围困 0.58 万人，损坏房屋 690 间，民航中断 36 航班 / 次，1000 多条 10 千伏架空线跳闸 112 条，宝安区供电中断 49 小时。水产养殖严重受损，龙岗区坑梓镇和布吉镇有 4 人失踪，直接经济损失 1.25 亿元。

图 3-243　台风“维克多”造成群众受困

3.2.30 “山姆”（9908 号台风）

9908 号台风“山姆”（Sam，台风级）来自太平洋，中心附近最大平均风速 33 米 / 秒，于 1999 年 8 月 22 日在深圳大鹏湾登陆，登陆时中心附近最大风力 11 级。“山姆”影响深圳的时间是 8 月 21—25 日，带来连续 4 天的暴雨和特大暴雨，深圳国家基本气象站最大日雨量 298.3 毫米，过程雨量达 523.6 毫米，最大平均风速 9.9 米 / 秒（5 级），最大阵风风速 22.5 米 / 秒（9 级）。

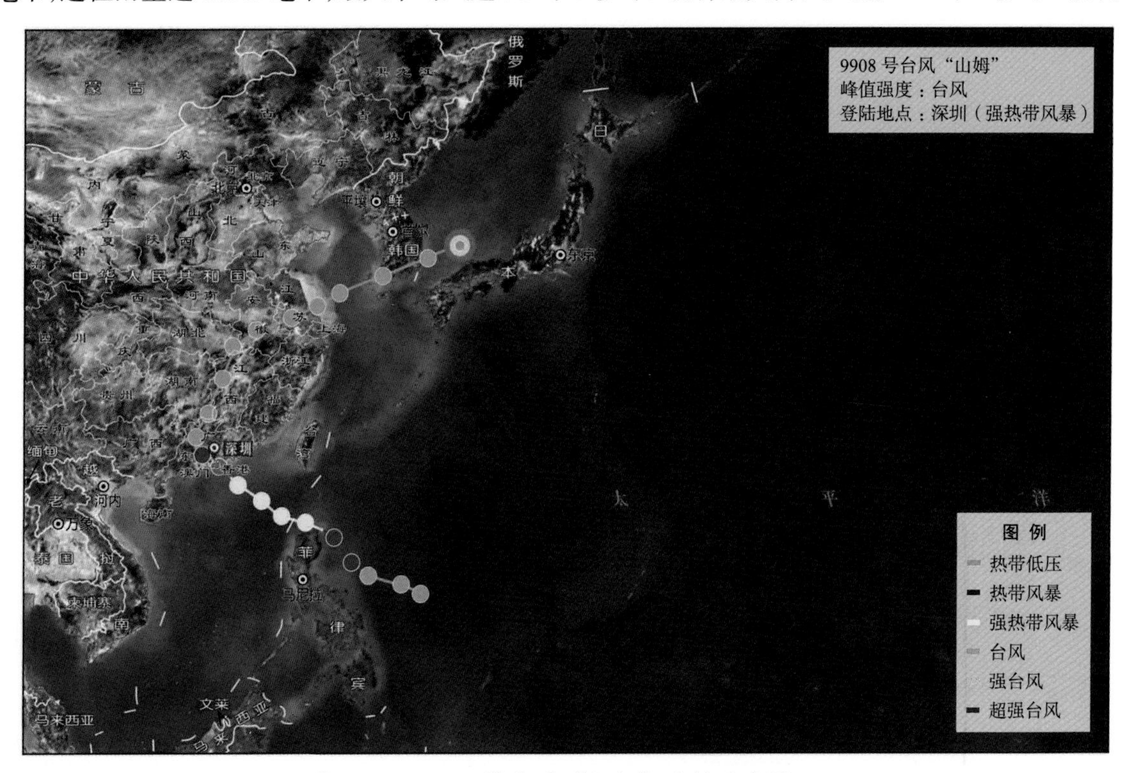

图 3-244 9908 号台风“山姆”路径示意图

台风“山姆”共造成 7 人死亡、10 人受伤，直接经济损失约 1.5 亿元。深圳水库因水位超过了警戒线而被迫泄洪；全市有 40 余处街道和小区严重积水，积水最深超过 0.7 米；深南、红岭、上步等路段有 7400 多棵行道树被吹倒；中心公园新种的 1680 多棵树、6 万多株灌木被吹倒；近 40 多条供电线路损坏，造成莲塘、黄贝岭、蔡屋围等部分地段停电；约 4450 亩菜地、果树受淹；3700 多间棚屋损坏，2910 亩鱼塘受损，蛇口港客运码头 9 个航班停开，30 多个出港航班延误，1300 多名旅客滞留，机场 15 个航班延误，停机楼近 30 平方米屋顶损毁。

图 3-245 台风“山姆”造成深圳棚屋倒塌（左），引发洪水导致群众受困（右）

3.2.31 “约克”（9910 号台风）

9910 号台风“约克”（York，强热带风暴级）来自太平洋，中心附近最大平均风速 30 米 / 秒，于 1999 年 9 月 16 日 18—19 时在广东中山登陆，登陆时中心附近最大风力 11 级。“约克”影响深圳的时间是 9 月 16—17 日，带来大暴雨，深圳国家基本气象站最大日雨量 198.9 毫米，过程雨量 219.5 毫米，最大平均风速 16.7 米 / 秒（7 级），最大阵风风速 27.7 米 / 秒（10 级）。

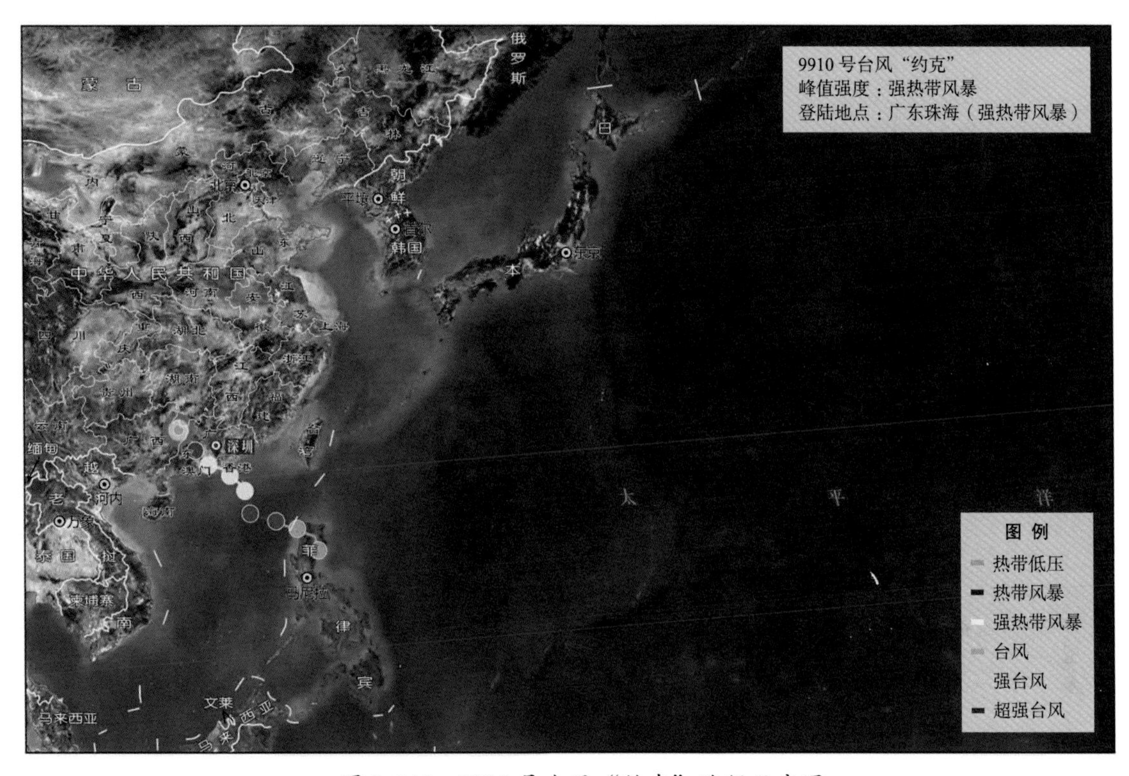

图 3-246　9910 号台风“约克”路径示意图

台风“约克”造成深圳全市紧急转移 800 多人，20 余人受伤，直接经济损失达 7550 万元。全市绿化树木损坏达万棵以上，深南路已改造路段两成多行道树被拦腰折断，红荔路、笋岗路很多行道树被连根拔起；近 50 万盆准备国庆摆设的盆花被吹毁；超过三成的广告牌、路牌遭到不同程度破坏；大量铁皮房、临时棚屋和部分厂房屋顶被掀翻；福田区华富中学西侧临时棚屋住户区，大部分住户的屋顶被风刮走；蛇口一脚手架倒塌，时代广场一吊车塔架被刮倒，盐田港 3 个空集装箱吹翻；海上虾场、鱼排受损严重；此外，全市 200 多条供电线路故障，深圳机场所有进出港航班全部延误，2000 多名旅客滞留机场。

图 3-247　台风约克”过后，深圳沿海海面一片狼藉

3.2.32 “杜鹃”（0313 号台风）

0313 号台风“杜鹃”（Dujuan，强台风级）来自太平洋，中心附近最大平均风速 45 米 / 秒，于 2003 年 9 月 2 日 20 时、21 时和 23 时先后在广东惠东、深圳和中山三次登陆，登陆时中心附近最大风力分别为 12 级、12 级和 11 级。“杜鹃”影响深圳的时间是 9 月 2—3 日，带来暴雨，深圳国家基本气象站最大日雨量 86.8 毫米，过程雨量 103.1 毫米，最大阵风风速 26.5 米 / 秒（10 级）。

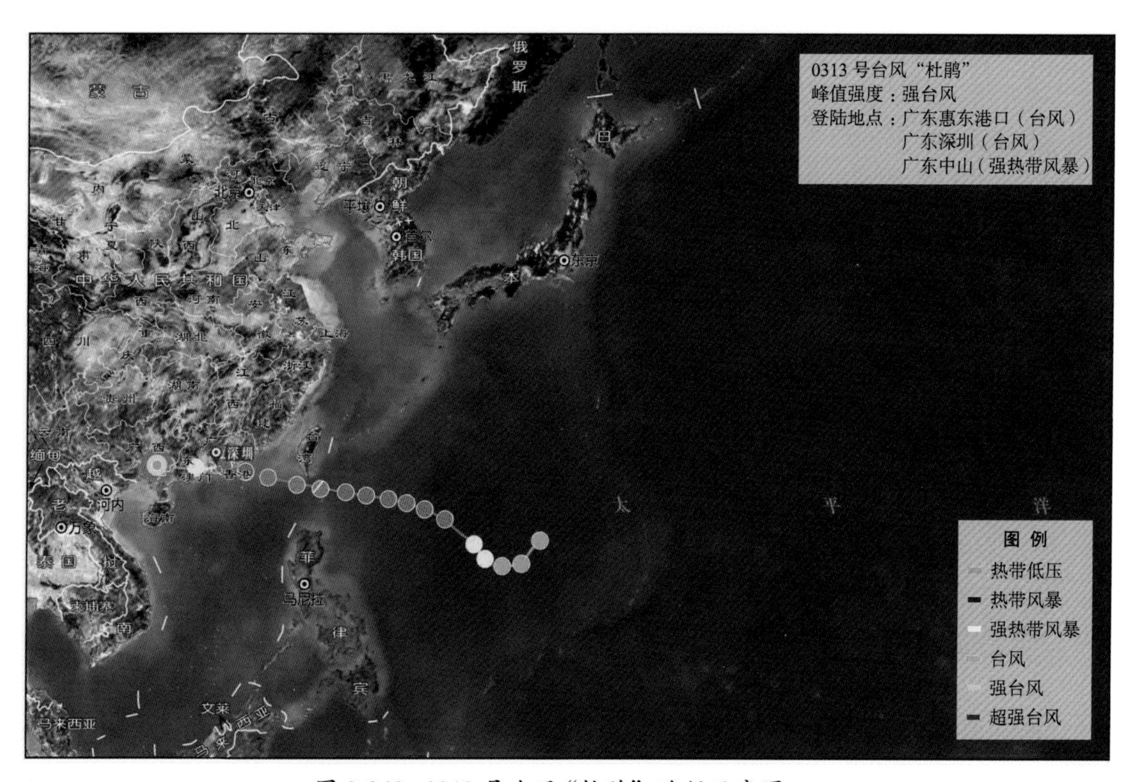

图 3-248 0313 号台风“杜鹃”路径示意图

台风“杜鹃”造成 26300 棵树被吹倒，2000 余棚屋被吹塌，各港区有 100 多个集装箱被风刮倒，22 人死于台风引起的各种事故，1 人失踪，另有近百人受伤，直接经济损失达 2.5 亿元，其中宝安公明镇西田村一台资新建厂房墙体倒塌，邻近工棚被压倒，死 16 人，伤 20 多人。

图 3-249 台风“杜鹃”带来狂风，深圳沿海形成十米巨浪冲击海堤

附 录

附录 A 台风的定义及其等级划分

热带气旋是形成在热带和副热带海洋上的，具有暖心结构的强烈风暴（大气涡旋），西太平洋（包括我国南海）是全球热带气旋形成最多的海域，平均每年有约 28 个，此区域生成的热带气旋，传统上被称为台风（typhoon）。

根据国家标准《热带气旋等级》（GB/T 19201—2006），依据热带气旋底层中心附近最大平均风速，我国将热带气旋划分为六个等级：热带低压、热带风暴、强热带风暴、台风、强台风和超强台风（具体划分见表 A.1）。

表 A.1 热带气旋等级划分表

热带气旋等级	底层中心附近最大平均风速（米 / 秒）	底层中心附近最大风力（级）
热带低压（TD）	10.8 ～ 17.1	6 ～ 7
热带风暴（TS）	17.2 ～ 24.4	8 ～ 9
强热带风暴（STS）	24.5 ～ 32.6	10 ～ 11
台风（TY）	32.7 ～ 41.4	12 ～ 13
强台风（STY）	41.5 ～ 50.9	14 ～ 15
超强台风 (SuperTY)	>51.0	16 或以上

附录 B 深圳台风影响标准

明显影响标准：

（1）平均风力≥ 5 级（8.0 米 / 秒）或大风符号，且日雨量≥ 30 毫米；

（2）平均风力 6 ～ 7 级（10.8 ～ 17.1 米 / 秒）或阵风 8 ～ 9 级（17.2 ～ 24.4 米 / 秒）；

（3）日雨量≥ 40 毫米且过程雨量≥ 80 毫米；

（4）日雨量≥ 50 毫米。

严重影响标准：

（1）平均风力≥ 8 级或阵风≥ 10 级（24.5 米 / 秒）；

（2）平均风力≥ 6 级且日雨量≥ 80 毫米；

（3）平均风力≥ 5 级且日雨量≥ 100 毫米；

（4）过程总雨量≥ 250 毫米。

2006 年以前，上述标准只针对深圳国家基本气象站数据而言，2006 年以来，同时考虑深圳自动气象站监测数据，如 1/4 以上自动站达到上述标准，也可定性为相应的影响程度。